上海市工程建设规范

测绘成果质量检验标准

Specification for quality inspection and acceptance of surveying and mapping products

DG/TJ 08—2322—2020
J 15280—2020

主编单位:上海市测绘产品质量监督检验站
批准部门:上海市住房和城乡建设管理委员会
施行日期:2021 年 3 月 1 日

同济大学出版社

2021 上海

图书在版编目(CIP)数据

测绘成果质量检验标准/上海市测绘产品质量监督检验站主编. —上海：同济大学出版社，2021.6

ISBN 978-7-5608-9769-1

Ⅰ. ①测… Ⅱ. ①上… Ⅲ. ①工程测量－质量检验－标准 Ⅳ. ①TB22-65

中国版本图书馆 CIP 数据核字(2021)第 026343 号

测绘成果质量检验标准

上海市测绘产品质量监督检验站 **主编**

策划编辑 张平官
责任编辑 朱 勇
责任校对 徐春莲
封面设计 陈益平

出版发行 同济大学出版社 www.tongjipress.com.cn
(地址：上海市四平路 1239 号 邮编：200092 电话：021－65985622)
经 销 全国各地新华书店
印 刷 浦江求真印务有限公司
开 本 889mm×1194mm 1/32
印 张 4.125
字 数 110 000
版 次 2021 年 6 月第 1 版 2021 年 6 月第 1 次印刷
书 号 ISBN 978-7-5608-9769-1
定 价 40.00 元

上海市住房和城乡建设管理委员会文件

沪建标定〔2020〕417 号

上海市住房和城乡建设管理委员会
关于批准《测绘成果质量检验标准》
为上海市工程建设规范的通知

各有关单位：

由上海市测绘产品质量监督检验站主编的《测绘成果质量检验标准》，经我委审核，现批准为上海市工程建设规范，统一编号为 DG/TJ 08—2322—2020，自 2021 年 3 月 1 日起实施。

本规范由上海市住房和城乡建设管理委员会负责管理，上海市测绘产品质量监督检验站负责解释。

特此通知。

上海市住房和城乡建设管理委员会

二〇二〇年八月十三日

前 言

根据上海市住房和城乡建设管理委员会《关于印发〈2018 年上海市工程建设规范、建筑标准设计编制计划〉的通知》(沪建标定〔2017〕898 号)的要求,标准编制组经广泛调查研究,认真总结实践经验,参考国内外有关先进标准,在广泛征求意见的基础上,编制了本标准。

本标准的主要内容有:总则;术语、符号;基本规定;单位成果质量评定;检验程序;单位成果质量元素及错漏分类;附录。

在执行本标准过程中,请各单位结合应用实践,认真总结经验,并将意见和建议反馈至上海市规划和自然资源局(地址:上海市北京西路 99 号;邮编:200003;E-mail:guihuaziyuanfagui@126.com),上海市测绘产品质量监督检验站(地址:上海市武宁路 419 号;邮编:200063;E-mail:chzjz@shsmqi.cn),或上海市建筑建材业市场管理总站(地址:上海市小木桥路 683 号;邮编:200032;E-mail:shgcbz@163.com),以供修订时参考。

主 编 单 位:上海市测绘产品质量监督检验站

参 编 单 位:上海市测绘院

同济大学

主要起草人:傅晓明 石春花 陈四平 童小华 黄 凯

姚顺福 王传江 尤清清 孙翠军 陈杭兴

吴志刚 张 芬 钟 炜 陆 峰 金 雯

管卫华 高俊潮 廖建雄 朱荟强 孙 彪

杨士强 陈红涛

主要审查人：季善标　罗永权　谢　欢　郭春生　杨欢庆
王　永　沈　伟

上海市建筑建材业市场管理总站

目　次

Contents

1 总 则

1.0.1 为统一本市测绘成果质量检查验收与质量评定的技术要求，为城市经济建设、社会发展等提供准确的测绘成果，制定本标准。

1.0.2 本标准适用于大地测量、航空摄影与卫星影像、摄影测量与遥感、工程测量、地图编制、地理信息系统工程、互联网地图服务等测绘成果的检查验收和质量评定。

1.0.3 本标准所列测绘成果的检查验收和质量评定，除应符合本标准外，尚应符合国家、行业和本市现行有关标准的规定。

2 术语和符号

2.1 术 语

2.1.1 单位成果 item

为实施检查与验收而划分的基本单位，如“点”“幅”“景”“幢”“测段”或“区域网”等。

2.1.2 批成果 lot

同一技术设计要求下生产的同一测区、同一比例尺或等级的单位成果集合。

2.1.3 批量 lot size

批成果中单位成果的数量。

2.1.4 样本 sample

从批成果中抽取的用于评定批成果质量的单位成果的集合。

2.1.5 样本量 sample size

样本中单位成果的数量。

2.1.6 全数检查 full inspection

对批成果中全部单位成果逐一进行的检查。

2.1.7 抽样检查 sampling inspection

从批成果中抽取一定数量样本进行的检查。

2.1.8 质量元素 quality element

说明质量的定量、定性组成部分，即成果满足规定要求和使用目的的基本特性。

2.1.9 质量子元素 quality subelement

质量元素的组成部分，描述质量元素的一个特定方面。

2.1.10　检查项　test entry

质量子元素的检查内容。说明质量的最小单位，质量检查和评定的最小实施对象。

2.1.11　详查　all entry inspection

对单位成果质量要求的全部检查项进行的检查。

2.1.12　概查　some entry inspection

对单位成果质量要求中的重要的、特别关注的质量要求或指标，或系统性的偏差、错误进行的检查。

2.1.13　简单随机抽样　simple random sampling

从批成果中抽取样本时，使每一个单位成果都以相同概率构成样本，可采用抽签、掷骰子、查随机数表等方法。

2.1.14　分层随机抽样　stratified random sampling

将批成果按作业工序或生产时间段、地形类别、作业方法等分层后，根据样本量分别从各层中随机抽取一个或若干个单位成果组成样本。

2.1.15　错漏　defect

检查项的检查结果与要求存在的差异。根据差异的程度，错漏分为 A、B、C、D 四类。A 类为极重要检查项的错漏或检查项的极严重错漏，B 类为重要检查项的错漏或检查项的严重错漏，C 类为较重要检查项的错漏或检查项的较重错漏，D 类为一般检查项的轻微错漏。

2.1.16　高精度检测　high accuracy test

检测的技术要求高于生产的技术要求。

2.1.17　同精度检测　same accuracy test

检测的技术要求与生产的技术要求相同。

2.1.18　粗差　gross error

检测数据与成果数据之间超过限差的较差。

2.1.19　粗差率　gross error rate(percentage)

检测数据中粗差点(边)的个数占检测总点(边)数的百分比。

2.2 符 号

a_1,a_2,a_3——质量元素或质量子元素中相应的B类错漏、C类错漏、D类错漏个数；

M_0——规范、技术设计规定的成果中误差；

$M_{检}$——检测中误差；

n——检测点(边)数；

n_1——单位成果中包含的质量元素个数；

n_2——质量元素中所包含的质量子元素个数；

p_i——第 i 个质量元素或质量子元素的权；

S——单位成果质量得分；

S_1——质量元素得分；

S_2——质量子元素得分；

S'——样本质量得分；

t——扣分值调整系数；

Δ_i——第 i 个平面或高程较差。

3 基本规定

3.1 检查验收制度

3.1.1 测绘成果质量控制执行两级检查一级验收制度，测绘成果应依次通过测绘单位作业部门的过程检查、测绘单位质量管理部门的最终检查和项目管理单位组织的验收或委托具有资质的测绘成果质量检验机构进行质量验收。各级检查验收工作应独立、依序进行，不得省略、代替或颠倒顺序。

3.1.2 各级质量检查人员对其检验工作的质量负责。

3.1.3 两级检查的实施应符合下列规定：

1 测绘单位实施测绘成果质量的过程检查和最终检查。

2 两级检查应在作业人员对其所完成的测绘成果进行自查互检后进行。

3 测绘单位作业部门应配备检查人员，采用全数检查方式实施过程检查。

4 测绘单位质量管理部门应配备检查人员实施最终检查，最终检查应符合下列规定：

1） 内业资料采用全数检查，按100%的比例进行详查；

2） 涉及野外检查项的可抽样检查，1∶500、1∶1 000、1∶2 000基础测绘成果按30%的比例进行外业详查，其他测绘成果的外业核查样本量根据现行国家标准《测绘成果质量检查与验收》GB/T 24356中的相关规定确定；

3） 内业检查中发现重大疑问的，应及时进行核查；

4）最终检查应审核过程检查记录。

5 过程检查和最终检查应由不同的检查人员实施。各级检查中发现的质量问题应返回上一道工序改正后再进行复核。

3.1.4 测绘成果经最终检查合格后，项目管理单位应组织验收或委托具有资质的测绘成果质量检验机构进行质量验收。验收应审核最终检查记录。

3.1.5 检查验收应依据下列文件要求进行：

1 有关的法律法规。

2 有关的国家、行业、地方的生产和检查验收标准等。

3 技术设计、项目委托书、合同、任务单或委托检查验收文件。

4 新工艺、新产品或试验产品的质量策划或验证报告等。

5 其他有关的技术要求。

3.2 检验仪器设备

3.2.1 检验使用的测量仪器设备的精度指标不应低于相关规范及技术设计对仪器设备精度指标的要求。

3.2.2 检验使用的测量仪器设备应按规定进行计量检定/校准，并应在有效期内使用。

3.2.3 检验使用的软件应经过鉴定或验证。

3.3 检查验收资料

3.3.1 提交检查验收的成果资料应包括下列内容：

1 项目合同或任务书(单)。

2 技术设计、生产过程中的补充规定，技术总结。

3 原始观测数据、观测记录。

4 成果数据，包括相应电子数据。

5　各类计算资料、图、表、说明等。

6　生产该成果使用的测绘仪器的检校资料。

7　项目要求提交的其他相关资料，包括客户提供资料、起算数据等补充资料。

8　各级质量检查记录。

9　提交验收时，还应包括检查报告等。

3.3.2　凡资料不齐全或数据不完整的，检查、验收部门或单位应不予接收。

3.4　数学精度检测

3.4.1　图类单位成果高程精度检测、平面位置精度检测及相对位置精度检测，检测点（边）应分布均匀，位置明显，特征明确，能够准确判读。检测点（边）数量视成果类型、地物复杂程度、地形困难类别等情况确定，每幅图要求同一检验参数检测点（边）不低于20个，困难时可适当扩大统计范围。

3.4.2　高精度检测，以2倍允许中误差为限差，在允许中误差2倍以内（含2倍）的误差值应参与数学精度统计，超过允许中误差2倍的误差视为粗差。

3.4.3　同精度检测，以$2\sqrt{2}$倍允许中误差为限差，在允许中误差$2\sqrt{2}$倍以内（含$2\sqrt{2}$倍）的误差值应参与数学精度统计，超过允许中误差$2\sqrt{2}$倍的误差视为粗差。

3.4.4　粗差不参与数学精度统计。应统计粗差率，粗差率一般不超过5%，在允许范围内，每个粗差按其要素的重要程度进行错漏扣分。

3.4.5　检测点（边）数量小于20时，以较差绝对值的算术平均值代替检测中误差；数量大于等于20时，按公式（3.4.6）或公式（3.4.7）计算检测中误差。

3.4.6　高精度检测时，检测中误差按下式计算：

$$M_{检} = \pm \sqrt{\frac{\sum_{i=1}^{n} \Delta_i^2}{n}} \tag{3.4.6}$$

式中：$M_{检}$——检测中误差；

n——检测点(边)数；

Δ_i ——第 i 个平面或高程较差。

3.4.7 同精度检测时，检测中误差按下式计算：

$$M_{检} = \pm \sqrt{\frac{\sum_{i=1}^{n} \Delta_i^2}{2n}} \tag{3.4.7}$$

3.5 质量评定

3.5.1 单位成果及样本质量等级采用优、良、合格和不合格四级评定。

3.5.2 测绘单位应评定测绘成果质量等级。

3.5.3 检验机构应评定单位成果质量和样本质量，并判定批成果质量。

3.6 记录及报告

3.6.1 检查验收记录包括质量问题及其处理记录、质量统计记录等。质量问题应描述完整、规范，错漏归类应准确，记录填写应及时、完整、规范、清晰。检验人员对检验记录负责，并在相应的位置签署姓名、日期。

3.6.2 最终检查完成后，应编写检查报告。质量验收完成后，应编写检验报告。

3.6.3 各种检查验收记录、检查报告和检验报告应随成果一起归档。

3.7 质量问题处理

3.7.1 两级检查中发现的质量问题应改正。当对质量问题的判定存在分歧时，应由测绘单位技术或质量负责人裁定。

3.7.2 经验收判为合格的批成果，测绘单位应对验收中发现的问题进行处理。

3.7.3 经质量验收判为不合格的批成果，应全部退回测绘单位返工。返工后如再次申请验收的，应重新抽样。

4 单位成果质量评定

4.1 一般规定

4.1.1 单位成果质量水平应以百分制表征。

4.1.2 单位成果质量元素及权、错漏分类应按本标准第6章的规定执行，未注明错漏数量的均为1处(个)。

4.1.3 质量(子)元素及权的划分一般不作调整，必要时可根据技术设计、成果类型或用途等具体情况，选取本标准所列相应成果的部分质量(子)元素，按相应比例调整其权值，调整后的各质量(子)元素权值之和应为1.00。

4.1.4 当计算的质量得分大于等于60分时，应四舍五入保留小数点后1位。

4.2 质量评分方法

4.2.1 成果错漏扣分标准应按表4.2.1的规定执行。

表 4.2.1 成果错漏扣分标准

错漏类别	A类	B类	C类	D类
扣分值(分)	42.0	$12.0/t$	$4.0/t$	$1.0/t$

注：t 为调整系数，一般取 $t=1.0$。可根据需要按困难类别、成果类型等进行调整。

4.2.2 质量子元素评分方法应符合下列规定：

1 数学精度：根据检测中误差的大小，按公式(4.2.2-1)计算数学精度的质量分数 S_2。当有多项数学精度评分，单项数学精度得分均大于 60 分时，取其算术平均值或加权平均值。

$$S_2 = 60 + \frac{40 \times (M_0 - M_{检})}{M_0} \quad (4.2.2\text{-}1)$$

式中：S_2——质量子元素得分；

M_0——规范、技术设计规定的成果中误差。

2 其他质量子元素：将质量子元素得分预置为 100 分，根据本标准第 4.2.1 条的规定对相应质量子元素中出现的错漏逐个扣分。质量分数 S_2 的值按下式计算：

$$S_2 = 100 - [a_1 \times (12.0/t) + a_2 \times (4.0/t) + a_3 \times (1.0/t)] \quad (4.2.2\text{-}2)$$

式中：a_1——质量元素或质量子元素中相应的 B 类错漏个数；

a_2——质量元素或质量子元素中相应的 C 类错漏个数；

a_3——质量元素或质量子元素中相应的 D 类错漏个数。

4.2.3 质量元素得分应按下式计算：

$$S_1 = \sum_{i=1}^{n_2} (S_{2i} \times p_i) \quad (4.2.3)$$

式中：S_1——质量元素的得分；

n_2——质量元素中包含的质量子元素个数；

S_{2i}——第 i 个质量子元素的得分；

p_i——第 i 个质量子元素的权。

4.2.4 单位成果质量得分应按下式计算：

$$S = \sum_{i=1}^{n_1} (S_{1i} \times p_i) \quad (4.2.4)$$

式中：S——单位成果质量得分；

n_1——单位成果中包含的质量元素个数；

S_{1i}——第 i 个质量元素的得分；

p_i ——第 i 个质量元素的权。

4.3 质量评定

4.3.1 当单位成果出现以下情况之一时，应判定为不合格：

1 单位成果中出现 A 类错漏。

2 单位成果数学精度检测中，任一项粗差率超过 5%。

3 质量元素或质量子元素质量得分小于 60 分。

4.3.2 根据单位成果的质量得分，应按表 4.3.2 评定质量等级。

表 4.3.2 单位成果质量等级评定标准

质量等级	质量得分
优	$S \geqslant 90.0$ 分
良	75.0 分 $\leqslant S <$ 90.0 分
合格	60.0 分 $\leqslant S <$ 75.0 分
不合格	$S <$ 60.0 分

5 检验程序

5.1 抽 样

5.1.1 样本量的确定应符合下列要求：

1 上海市 1∶500、1∶1 000、1∶2 000 基础测绘成果验收按照批量大小，在本标准附录 A 中的“一般检验水平 I”确定样本量字码，再根据样本量字码在附录 B 中确定样本量。

2 航空摄影与卫星影像成果检验采用全数检查。

3 其他测绘成果根据现行国家标准《测绘成果质量检查与验收》GB/T 24356 中的相关规定确定样本量。

4 当技术设计、相关规范或委托方有特殊要求时，可按其规定确定样本量。

5.1.2 抽取样本应符合下列要求：

1 样本应均匀分布。

2 以“点”“幅”“景”“幢”“测段”或“区域网”等为单位在检验批中随机抽取样本。一般采用简单随机抽样，也可根据生产方式或时间、等级等采用分层随机抽样。

3 按样本量，从批成果中提取样本，并根据本标准第 3.3.1 条的规定提取单位成果的全部有关资料。技术设计、生产过程中的补充规定、技术总结、检查报告、各级质量检查记录和生产该成果使用的测绘仪器的检校资料等按 100%提取样本原件或复印件。

5.2 检 验

5.2.1 根据测绘成果的内容和特性，可采用审核分析、比对分析、实地核查、实地检测等方法分别进行概查和详查。

5.2.2 概查应符合下列要求：

1 对影响成果质量的主要检查项和带倾向性的问题进行检查，一般只记录A类、B类错漏和普遍性问题。

2 当概查中未发现A类错漏且一个单位成果同一质量子元素（没有质量子元素，按质量元素统计）B类错漏小于3个时，判成果概查为合格；否则，判成果概查为不合格。

5.2.3 详查应符合下列要求：

1 根据各单位成果的质量元素及检查项，按有关的规范、技术标准和技术设计的要求，逐个检验单位成果，并统计存在的各类错漏数量，按照本标准第4章的规定评定单位成果质量。

2 当发现内业资料存在疑问时，应及时进行核查。

3 当样本详查中发现普遍性问题或严重错漏，应检查样本外的单位成果是否存在同类问题。

5.3 样本质量评定

5.3.1 当样本中出现不合格单位成果时，应评定样本质量为不合格。

5.3.2 当样本中全部单位成果合格后，应根据单位成果的质量得分，按算术平均方式计算样本质量得分S'，按表5.3.2的规定评定样本质量等级。

表 5.3.2 样本质量等级评定标准

质量等级	样本质量得分
优	$S' \geqslant 90.0$ 分
良	75.0 分 $\leqslant S' < 90.0$ 分
合格	60.0 分 $\leqslant S' < 75.0$ 分

5.4 批成果质量判定

5.4.1 生产过程中，使用未经计量检定/校准或检定/校准不符合要求的测量仪器，均应判为批不合格。

5.4.2 详查或概查中发现伪造成果现象或技术路线存在重大偏差，均应判为批不合格。

5.4.3 当概查和详查均为合格时，应判为批合格；否则，应判为批不合格。若检验中未涉及概查，则依据详查结果判定批质量。

5.5 编制报告

5.5.1 检查报告的内容、格式可按本标准附录C的规定执行。

5.5.2 检验报告的内容、格式可按现行国家标准《数字测绘成果质量检查与验收》GB/T 18316的规定执行，并应符合现行国家标准《检测和校准实验室能力的通用要求》GB/T 27025、现行行业标准《检验检测机构资质认定能力评价　检验检测机构通用要求》RB/T 214及计量行政管理部门的相关要求。

6 单位成果质量元素及错漏分类

6.1 大地测量

6.1.1 GNSS测量成果的质量元素及权划分、错漏分类见表6.1.1-1和表6.1.1-2。

表6.1.1-1 GNSS测量成果质量元素及权重(单位:点)

质量元素	权	质量子元素	权	检查项
数据质量	0.50	数学精度	0.30	1. 点位中误差与规范及技术设计的符合情况 2. 边长相对中误差与规范及技术设计的符合情况
		观测质量	0.40	1. 仪器检验项目的齐全性,检验方法的正确性 2. 观测方法的正确性,观测条件的合理性 3. GNSS点水准联测的合理性和正确性 4. 归心元素、天线高测定方法的正确性 5. 卫星高度角、有效观测卫星总数、时段中任一卫星有效观测时间、观测时段数、时段长度、数据采样间隔、PDOP值、钟漂、多路径影响等参数的规范性和正确性 6. 记簿计算的正确性、注记的完整性,数字记录、划改的规范性 7. 规范和技术设计的执行情况 8. 数据质量检验的符合性 9. 成果取舍和重测的正确性、合理性
		计算质量	0.30	1. 起算点选取的合理性和起算数据的正确性 2. 起算点的兼容性及分布的合理性 3. 坐标改算方法的正确性 4. 数据使用的正确性和合理性 5. 外业验算项目的齐全性、验算方法的正确性 6. 各项指标的符合性

续表 6.1.1-1

质量元素	权	质量子元素	权	检查项
点位质量	0.30	选点质量	0.50	1. 点位布设及点位密度的合理性 2. 点位满足观测条件的符合情况 3. 点位选择的合理性 4. 点之记内容的齐全性和正确性
		埋石质量	0.50	1. 埋石坑位的规范性和尺寸的符合性 2. 标石类型和标石埋设规格的规范性 3. 标志类型、规格的正确性
资料质量	0.20	整饰质量	0.30	1. 技术设计、技术总结、检查报告整饰的规整性 2. 原始观测记录、平差计算资料及各类附图、附表整饰的规整性 3. 成果资料整饰的规整性
		资料完整性	0.70	1. 技术设计、技术总结、检查报告编写内容的完整性 2. 原始资料的完整性 3. 成果资料的完整性

表 6.1.1-2　GNSS 测量成果错漏分类

质量子元素	A类	B类	C类	D类
数学精度	1. 点位中误差超限 2. 最弱边相对中误差超限	/	/	/
观测质量	1. 原始观测记录中的涂改或划改严重不符合规定 2. 违反 GNSS 测量主要技术规定 3. 其他严重的错漏	1. 仪器参数与规范或技术设计不符 2. 电子记录程序的输出格式不规范 3. 成果重测、取舍不合理 4. 仪器检验项目不齐全，检验结果轻微超限 5. GNSS 点与已知点联测不合理 6. 其他较重的错漏	1. 观测条件掌握不严，不符合规定 2. 原始观测记录中的注记错漏 3. 归心元素测定错误或漏测 4. 天线高量取方法不正确 5. 其他一般的错漏	其他轻微的错漏

续表 6.1.1-2

质量子元素	A类	B类	C类	D类
计算质量	1. 独立环的全长闭合差超限 2. 严重影响成果质量的计算错误 3. 坐标系统错误、起算数据选取错误，严重影响成果质量 4. 计算方法错误，采用指标及各类参数错误，计算结果、分析结论不正确 5. 其他严重的错漏	1. 起算数据选取不合理 2. 数据检验后，相邻点间平均距离等次要条件不符合要求 3. 数据剔除不符合规定 4. 对结果影响较小的计算错误 5. 其他较重的错漏	1. 不影响成果质量的计算错误 2. 其他一般的错漏	其他轻微的错漏
选点质量	1. GNSS网布设严重不符合规范、技术设计要求 2. 点位地质、地理条件极差，不稳定，极不利于保护和观测，点位条件完全不符合要求 3. 其他严重的错漏	1. 点位地理、地质条件不稳定，不利于保护 2. 点位密度不合理 3. 路线图、点之记漏绘或重要内容绘制错漏造成无法使用 4. 其他较重的错漏	1. 点之记中一般内容错漏 2. 点之记中重要注记错漏或栓距错 3. 选点展点图缺项 4. 其他一般的错漏	其他轻微的错漏
埋石质量	1. 标石浇筑质量、规格严重不符合规定 2. 标石、标志埋设完全不符合要求 3. 其他严重的错漏	1. 标志类型、规格存在明显错漏 2. 标志不符合规定 3. 标石质量极差、外部整饰极不规范 4. 其他较重的错漏	1. 标石规格或浇筑不规范 2. 标石面埋设倾角大于10° 3. 标石、标志埋设不符合要求 4. 标石外部整饰不规范 5. 其他一般的错漏	其他轻微的错漏

续表 6.1.1-2

质量子元素	A类	B类	C类	D类
整饰质量	1. 成果资料文字、数字错漏较多,严重影响成果使用 2. 其他严重的错漏	1. 成果资料重要文字、数字错漏 2. 成果文档资料归类、装订不规整 3. 其他较重的错漏	1. 成果资料装订及编号错漏 2. 成果资料次要文字、数字错漏 3. 成果资料编排混乱 4. 其他一般的错漏	其他轻微的错漏
资料完整性	1. 缺主要成果资料 2. 缺主要原始观测记录 3. 其他严重的错漏	1. 缺次要成果资料 2. 缺成果附件资料 3. 缺技术总结或检查报告 4. 缺质量检查记录 5. 其他较重的错漏	1. 无成果资料清单或成果资料清单不完整 2. 技术设计、技术总结、检查报告内容不完整 3. 其他一般的错漏	其他轻微的错漏

6.1.2 等级水准测量成果的质量元素及权划分、错漏分类见表 6.1.2-1和表 6.1.2-2。

表 6.1.2-1 等级水准测量成果质量元素及权重(单位:测段、点)

质量元素	权	质量子元素	权	检查项
数据质量	0.50	数学精度	0.30	1. 每千米高差中数偶然中误差的符合性 2. 每千米高差中数全中误差的符合性 3. 其他各项精度指标与限差的符合情况
		观测质量	0.40	1. 仪器和标尺检验项目的齐全性,检验方法的正确性 2. 测站观测误差的符合性 3. 测段、区段、路线闭合差的符合性 4. 对已有水准点和水准路线联测和接测方法的正确性 5. 观测和检测方法的正确性 6. 观测条件选择的正确性、合理性 7. 成果取舍和重测的正确性、合理性 8. 记簿计算的正确性、注记的完整性,数字记录、划改的规范性

续表 6.1.2-1

质量元素	权	质量子元素	权	检查项
数据质量	0.50	计算质量	0.30	1. 外业验算项目的齐全性、验算方法的正确性 2. 已知水准点选取的合理性和起算数据的正确性 3. 环闭合差的符合性
点位质量	0.30	选点质量	0.50	1. 水准路线布设、点位选择及点位密度的合理性 2. 水准路线图绘制的正确性 3. 点之记内容的正确性
		埋石质量	0.50	1. 标石、标志类型、规格的正确性和标石质量情况 2. 标石埋设规格的规范性
资料质量	0.20	整饰质量	0.30	1. 原始观测记录、平差计算资料及各类附图、附表整饰的规整性 2. 技术设计、技术总结、检查报告整饰的规整性 3. 成果资料整饰的规整性
		资料完整性	0.70	1. 技术设计、技术总结、检查报告编写内容的完整性 2. 原始资料的完整性 3. 成果资料的完整性

表 6.1.2-2 等级水准测量成果错漏分类

质量子元素	A类	B类	C类	D类
数学精度	1. 每千米高差中数全中误差、偶然中误差超限 2. 其他重要精度指标超限	/	/	/
观测质量	1. 测段、区段、路线往返高差不符值超限,左、右路线高差不符值超限,路线闭合差超限 2. 原始记录中连环涂改、划改一次性观测数据(mm)	1. 电子记录程序的输出格式不规范 2. 成果重测、取舍不合理、观测条件掌握不严 3. 外业验算、仪器检验项目不齐全	1. 数字修改、修约不规范 2. 路线闭合差大于限差的2/3 3. 测段往、返高差不符值大于限差的1/3 4. 其他一般的错漏	1. 记录和注记字体潦草、不规整 2. 路线闭合差大于限差的1/2 3. 其他轻微的错漏

续表 6.1.2-2

质量子元素	A类	B类	C类	D类
观测质量	3. 上、下午重站数比例严重超限 4. 水准观测高差较差超限 5. 未按要求观测 6. 其他严重的错漏	4. 仪器和标尺测前、测后和过程检验，结果轻微超限 5. 测段往、返高差不符值大于限差的3/4 6. 其他各项误差任一超限 7. 其他较重的错漏		
计算质量	1. 严重影响成果质量的计算错误 2. 验算方法不正确，对结果影响达到厘米级的计算错误 3. 环线闭合差超限 4. 其他严重的错漏	1. 对结果影响达到毫米级的计算错误 2. 技术问题处理不当、高差改正项目不全、记录中的修改不符合规定，对结果影响较小 3. 环线闭合差大于限差的2/3 4. 其他较重的错漏	1. 对结果有较小影响的计算错误 2. 环线闭合差大于限差的1/2 3. 其他一般的错漏	1. 数字或小数点错漏，对结果影响轻微 2. 其他轻微的错漏
选点质量	1. 点位地质、地理条件极差，不稳定，极不利于保护和观测，点位条件完全不符合要求 2. 其他严重的错漏	1. 点位地理、地质条件不稳定，不利于保护 2. 点位密度不合理 3. 标石质量极差、外部整饰极不规范 4. 漏绘点之记或点之记重要内容错漏造成无法使用 5. 其他较重的错漏	1. 点之记中一般项目内容错误或缺项 2. 标石外部整饰不规范 3. 水准路线图、水准路线结点接测图错漏 4. 其他一般的错漏	其他轻微的错漏

续表 6.1.2-2

质量子元素	A类	B类	C类	D类
埋石质量	1. 标石规格极不符合规定 2. 标石严重倾斜 3. 标志严重不符合规定 4. 标石、标志埋设完全不符合要求 5. 其他严重的错漏	1. 标石规格不符合规定 2. 标石倾斜较大 3. 标志不符合规定 4. 标石埋设或浇筑深度不符合要求 5. 其他较重的错漏	1. 标石外部整饰不规范 2. 指示盘或指示碑不规整 3. 标石规格或浇注不规范，标石略有倾斜 4. 其他一般的错漏	其他轻微的错漏
整饰质量	1. 成果资料文字、数字错漏较多，给成果使用造成严重影响 2. 其他严重的错漏	1. 成果资料重要文字、数字错漏 2. 成果文档资料归类、装订不规整 3. 其他较重的错漏	1. 成果资料装订及编号错漏 2. 成果资料次要文字、数字错漏 3. 其他一般的错漏	其他轻微的错漏
资料完整性	1. 缺主要成果资料 2. 缺主要原始观测记录 3. 其他严重的错漏	1. 缺次要成果资料 2. 缺技术总结或检查报告 3. 缺质量检查记录 4. 其他较重的错漏	1. 无成果资料清单或成果资料清单不完整 2. 技术设计、技术总结、检查报告内容不完整 3. 其他一般的错漏	其他轻微的错漏

6.1.3 重力测量成果的质量元素及权划分、错漏分类见表 6.1.3-1 和表 6.1.3-2。

表 6.1.3-1 重力测量成果质量元素及权重(单位:点)

质量元素	权	质量子元素	权	检查项
数据质量	0.50	数学精度	0.30	1. 重力联测中误差 2. 重力点的平面位置或高程中误差
		观测质量	0.40	1. 仪器检验项目的齐全性，检验方法的正确性 2. 手工记簿计算的正确性、注记的完整性和数字记录、划改的规范性 3. 电子记录程序的正确性和输出格式的规范性 4. 重力测线安排的合理性和联测方法的正确性

续表 6.1.3-1

质量元素	权	质量子元素	权	检查项
数据质量	0.50	观测质量	0.40	5. 观测条件选择的合理性和正确性 6. 成果的补测、重测及数据删除的合理性 7. 记簿计算的正确性、注记的完整性，数字记录、划改的规范性 8. 各项外业观测误差与限差的符合性
		计算质量	0.30	1. 外业验算项目的齐全性、验算方法及数据的正确性 2. 已知点和重力基线选取的合理性、起算数据的正确性
点位质量	0.30	选点质量	0.50	1. 重力点布设密度合理性 2. 点位选择及环视图绘制的正确性和合理性 3. 点之记内容的齐全性、正确性
		埋石质量	0.50	1. 标石类型的规范性和标石质量情况 2. 标石埋设规格的规范性 3. 重力点照片资料的完整性 4. 托管手续内容的完整性
资料质量	0.20	整饰质量	0.30	1. 原始观测记录、计算资料及各类附图、附表整饰的规整性 2. 技术设计、技术总结、检查报告整饰的规整性 3. 成果资料整饰的规整性
		资料完整性	0.70	1. 技术设计、技术总结、检查报告编写内容的完整性 2. 原始资料的完整性 3. 成果资料的完整性

表 6.1.3-2 重力测量成果错漏分类

质量子元素	A类	B类	C类	D类
数学精度	1. 重力联测中误差超限 2. 重力点平面位置中误差超限 3. 重力点高程中误差超限	/	/	/

续表 6.1.3-2

质量子元素	A类	B类	C类	D类
观测质量	1. 仪器测前、测后和过程检验主要技术指标超限 2. 原始记录中连环涂改、划改一次性观测数据 3. 原始记录中修改“秒”“毫米”或“毫伽” 4. 其他严重的错漏	1. 观测参数与规范或技术设计不符 2. 电子记录程序的输出格式不规范 3. 重力测线安排不合理 4. 成果重测、取舍不合理、观测条件掌握不严 5. 仪器检验项目不齐全，检验结果轻微超限 6. 其他较重的错漏	1. 数字修改、修约不规范 2. 其他一般的错漏	其他轻微的错漏
计算质量	1. 起算数据选取错误 2. 验算方法错误，严重影响结果 3. 严重影响成果质量的计算错误 4. 其他严重的错漏	1. 起算数据选取不合理 2. 对结果影响较大的计算错误 3. 其他较重的错漏	1. 对结果影响较小的计算错误 2. 其他一般的错漏	其他轻微的错漏
选点质量	1. 点位地质、地理条件极差，不稳定，极不利于保护和观测，点位条件完全不符合要求 2. 其他严重的错漏	1. 点位地理、地质条件不稳定，不利于保护 2. 点位密度不合理 3. 漏绘点之记或点之记重要内容错漏造成无法使用 4. 其他较重的错漏	1. 点之记中一般项目内容错误或缺项 2. 水准路线图、水准路线结点接测图错漏 3. 其他一般的错漏	其他轻微的错漏
埋石质量	1. 标石规格极不符合规定 2. 标石严重倾斜 3. 标志严重不符合规定 4. 标石、标志埋设完全不符合要求 5. 其他严重的错漏	1. 标石规格不符合规定 2. 标石倾斜较大 3. 标志不符合规定 4. 标石埋设或浇筑深度不符合要求 5. 重力点没有点位托管手续或托管手续不完备 6. 其他较重的错漏	1. 标石外部整饰不规范 2. 标石规格或浇注不规范，标石略有倾斜 3. 其他一般的错漏	其他轻微的错漏

续表 6.1.3-2

质量子元素	A类	B类	C类	D类
整饰质量	1. 成果资料文字、数字错漏较多，给成果使用造成严重影响 2. 其他严重的错漏	1. 成果资料重要文字、数字错漏 2. 成果文档资料归类、装订不规整 3. 其他较重的错漏	1. 成果资料装订及编号错漏 2. 成果资料次要文字、数字错漏 3. 其他一般的错漏	其他轻微的错漏
资料完整性	1. 缺主要成果资料 2. 缺主要原始观测记录 3. 其他严重的错漏	1. 缺次要成果资料 2. 缺技术总结或检查报告 3. 缺质量检查记录 4. 其他较重的错漏	1. 无成果资料清单或成果资料清单不完整 2. 技术设计、技术总结、检查报告内容不完整 3. 其他一般的错漏	其他轻微的错漏

6.2 航空摄影与卫星影像

6.2.1 航空摄影成果的质量元素及权划分、错漏分类见表 6.2.1-1 和表 6.2.1-2。

表 6.2.1-1 航空摄影成果质量元素及权重(单位:片)

质量元素	权		检查项
	Ⅰ	Ⅱ	
飞行质量	0.35	0.25	1. 航摄设计 2. 像片航向重叠度和旁向重叠度 3. 覆盖完整性 4. 像片倾斜角 5. 航线弯曲度 6. 旋偏角 7. 航迹 8. 像点位移 9. 航高保持

续表 6.2.1-1

质量元素	权		检查项
	Ⅰ	Ⅱ	
影像质量	0.40	0.35	1. 外观质量 2. 几何精度 3. 影像拼接 4. 影像的完整性,包括波段缺失、影像遮挡、无效像元等
数据质量	0.15	0.30	1. 原始数据、浏览影像数据、航片输出片数据等影像数据 2. 全球导航卫星系统(GNSS)或惯性测量装置与全球导航卫星系统(IMU/GNSS)相关数据
资料质量	0.10	0.10	1. 技术文档的完整性,包括技术设计、军区批文、资料送审报告、飞行记录、质量检查报告、数据处理报告、几何精度检查报告、技术总结报告、资料移交书等 2. 航摄仪和其他附属设备检定资料的齐全性 3. 整饰的规整性 4. 附图和附表的齐全性,包括摄区完成情况图、分区图、航摄像片结合图、航摄鉴定表、像片中心点结合图、中心点坐标数据等

注:Ⅰ—数字航空摄影;Ⅱ—GNSS 或 IMU/GNSS 辅助数字航空摄影。

表 6.2.1-2 航空摄影成果错漏分类

质量元素	A类	B类	C类	D类
飞行质量	1. 航摄设计不符合合同或规范的相关规定 2. 像片重叠度、像点最大位移值、覆盖完整性等任一项超限,致使下工序无法作业 3. 其他严重的错漏	1. 飞行质量中检查项任一项超限致使下工序作业困难 2. 航向重叠度大于53%小于60% 3. 旁向重叠度大于13%小于20% 4. 像片倾斜角大于2°小于4°	1. 飞行质量中检查项任一项超限但对下工序影响较小 2. 其他一般的错漏	其他轻微的错漏

续表 6.2.1-2

质量元素	A类	B类	C类	D类
飞行质量		5. 在一条航线上连续达到或接近最大旋偏角的像片数大于3片 6. 在一个摄区内出现最大旋偏角的像片数大于摄区像片总数的4% 7. 同一航线上相邻像片的航高差大于30 m，最大航高与最小航高之差大于50 m 8. 其他较重的错漏		
影像质量	1. 几何精度检测(相对定向)超限 2. 实际地面分辨率与设计严重不符 3. 影像拼接存在明显错位、模糊、重影等现象，影像模糊，大部分信息无法判读 4. 波段或局部影像缺失、无效像元过多，严重影响后序生产 5. 非终年积雪地区影像上有大面积积雪，雪下地物地貌无法判读 6. 影像上存在云、云影、烟、大面积反光等缺陷，严重影响测图作业 7. 其他严重的错漏	1. 外观(包括影像拼接、积雪、云、云影、烟、反光、雾霾、阴影等)质量差，影响影像质量 2. 影像不清晰，层次感差、饱和度不足、反差过小或过大使得影像信息损失 3. 局部影像缺失，无效像元较少，但可进行彩色或彩红外影像数据生产 4. 太阳高度角较小，产生过大的阴影 5. 其他较重的错漏	1. 外观(包括影像拼接、积雪、云、云影、烟、反光、雾霾、阴影等)质量较差，轻微影响影像质量 2. 影像欠清晰，层次感较差、色调较差、反差较小或较大使得局部影像信息损失 3. 其他一般的错漏	其他轻微的错漏

续表 6.2.1-2

质量元素	A类	B类	C类	D类
数据质量	1. 原始影像数据无法读出或数据丢失造成无法使用 2. GNSS 或 IMU/GNSS 辅助航空摄影数据处成果精度不符合要求 3. 因 GNSS 信号失锁、IMU 数据异常或丢失造成解算不正确或无法解算 4. 观测数据不完整造成成果无法使用 5. 数据格式不符合要求造成无法使用 6. 检校场布设及测量精度不满足要求 7. 基站布设及测量精度不满足要求 8. 其他严重的错漏	1. 浏览影像数据、航片输出片数据缺失或不符合规定 2. IMU/GNSS 像片外方位元素成果不完整 3. 其他较重的错漏	1. 影像数据整理不符合规定 2. 其他一般的错漏	其他轻微的错漏
资料质量	1. 航摄系统未按规定检定或检定的项目精度不符合要求 2. 成果注记、整饰不符合要求，图表编制、填报有误 3. 其他严重的错漏	1. 技术文档、附图和附表等与规定不符 2. 其他较重的错漏	其他一般的错漏	其他轻微的错漏

6.2.2 卫星影像成果的质量元素及权划分、错漏分类见表 6.2.2-1 和表 6.2.2-2。

表 6.2.2-1 卫星影像成果质量元素及权重(单位:景)

质量元素	权	检查项
数据质量	0.20	1. 影像数据正确性 2. 影像覆盖完整性 3. 卫星姿态符合性 4. 影像重叠
影像质量	0.70	1. 空间分辨率 2. 辐射分辨率 3. 影像外观
资料质量	0.10	1. 成果资料的完整性 2. 成果资料的正确性

表 6.2.2-2 卫星影像成果错漏分类

质量元素	A类	B类	C类	D类
数据质量	1. 数据格式或波段与规定不符 2. 影像数据无法读取或数据无法使用 3. 影像存在绝对漏洞 4. 影像姿态参数值超出规定范围,严重影响使用 5. 影像重叠范围不满足合同要求,严重影响使用 6. 其他严重的错漏	其他较重的错漏	其他一般的错漏	其他轻微的错漏
影像质量	1. 影像空间分辨率或辐射分辨率低于合同的要求 2. 影像中云、雾、阴影、非常年积雪等覆盖比例超过规定要求	1. 因影像清晰度、反差、像素缺损、噪声等导致重要地形要素大面积损失,对成图存在较明显影响	1. 因影像清晰度、反差、像素缺损、噪声等导致次要地形要素损失,对成图存在影响 2. 其他一般的错漏	其他轻微的错漏

续表 6.2.2-2

质量元素	A类	B类	C类	D类
影像质量	3. 因影像清晰度、反差、像素缺损、噪声等导致重要地形要素大面积损失，严重影响成图质量 4. 影像扭曲变形，严重影响成图质量 5. 其他严重的错漏	2. 影像存在掉线、条带或增益过度现象 3. 其他较重的错漏		
资料质量	1. 文件、数据资料缺失，导致影像无法正常使用 2. 文件、数据资料内容错误，或与影像数据不匹配，导致影像无法正常使用 3. 影像采集区域、获取时间与合同要求不符 4. 其他严重的错漏	其他较重的错漏	其他一般的错漏	其他轻微的错漏

6.3 摄影测量与遥感

6.3.1 影像控制测量成果的质量元素及权划分、错漏分类见表 6.3.1-1和表 6.3.1-2。

表 6.3.1-1 影像控制测量成果质量元素及权重(单位:点)

质量元素	权	质量(子)元素	权	检查项
数据质量	0.30	数学精度	0.60	1. 观测限差、闭合差、中误差的符合性 2. 起算数据的正确性 3. 数据处理的正确性

续表 6.3.1-1

质量元素	权	质量(子)元素	权	检查项
数据质量	0.30	观测质量	0.40	1. 观测手簿的规整性和计算的正确性 2. 计算手簿的规整性和计算的正确性
布点质量	0.30	1. 控制点点位布设的正确、合理性 2. 控制点点位选择的正确、合理性		
整饰质量	0.30	1. 控制点判、刺的正确性 2. 控制点整饰的规范性 3. 点位说明和略图的准确性		
资料质量	0.10	1. 成果资料的齐全性 2. 成果资料内容的完整性 3. 成果资料整饰的规整性		

表 6.3.1-2　影像控制测量成果错漏分类

质量(子)元素	A类	B类	C类	D类
数学精度	1. 观测限差、中误差、闭合差超限 2. 起算数据错误，致使相应的成果不符合规定要求 3. 数据处理不正确，致使结果错误 4. 其他严重的错漏	其他较重的错漏	1. 数据处理不正确，但对结果影响较小 2. 起算成果或原始数据用错，对成果影响轻微 3. 其他一般的错漏	其他轻微的错漏
观测质量	1. 观测数据不符合要求或不完整 2. 观测记录划改严重不符合规定 3. 补测或重测不符合规定 4. 其他严重的错漏	1. 观测数据质量不符合要求，但对精度影响轻微 2. 观测记录划改不符合规定 3. 观测位置和实际刺点位置存在轻微偏心差 4. 其他较重的错漏	其他一般的错漏	其他轻微的错漏

续表 6.3.1-2

质量(子)元素	A类	B类	C类	D类
布点质量	1. 控制点点位或密度严重不符合设计或规范要求 2. 控制点存在控制范围不足或控制漏洞的情况 3. 像片控制点的布设不符合设计要求，错或漏布设2处 4. 其他严重的错漏	1. 像片控制点的布设点位不符合要求，影响点位质量 2. 其他较重的错漏	1. 像片控制点的布设点位不符合要求，但不影响点位质量 2. 像控点目标影像不清晰或不宜判别 3. 像控点布设在弧形地物上 4. 其他一般的错漏	其他轻微的错漏
整饰质量	1. 控制点刺错，不符合规范要求 2. 控制点编号混乱，影响成果使用 3. 其他严重的错漏	1. 控制点的说明、略图错 2. 像片整饰不符合设计要求 3. 控制点点位图、说明、刺孔三者不一致 4. 其他较重的错漏	1. 数字修约、修改不规范 2. 其他一般的错漏	其他轻微的错漏
资料质量	1. 缺主要成果资料 2. 技术设计指标超出规定要求造成成果无法使用 3. 其他严重的错漏	1. 缺次要成果资料 2. 缺成果附件资料 3. 缺技术总结或检查报告 4. 缺质量检查记录 5. 其他较重的错漏	1. 无成果资料清单或成果资料清单不完整 2. 技术总结、检查报告内容不全 3. 其他一般的错漏	其他轻微的错漏

6.3.2 空中三角测量成果的质量元素及权划分、错漏分类见表 6.3.2-1和表 6.3.2-2。

表 6.3.2-1 空中三角测量成果质量元素及权重(单位:区域网)

质量元素	权	质量(子)元素	权	检查项
数据质量	0.60	数学基础	0.10	大地坐标系、大地高程基准、投影系等
		平面位置精度	0.20	控制点、检查点平面位置精度

续表 6.3.2-1

质量元素	权	质量(子)元素	权	检查项
数据质量	0.60	高程精度	0.20	控制点、检查点高程精度
		接边精度	0.20	区域网间接边精度
		计算质量	0.30	相对定向精度，控制点、检查点、加密点精度
布点质量	0.35	1. 区域网覆盖范围是否完全覆盖测区，区域网的划分是否符合规范要求 2. 平面控制点和高程控制点是否超基线布控 3. 加密点点位选择的正确性和合理性		
资料质量	0.05	1. 成果资料的完整性 2. 资料整理的规整性 3. 区域网网图、点位略图的完整性和正确性		

表 6.3.2-2　空中三角测量成果错漏分类

质量(子)元素	A类	B类	C类	D类
数学基础	1. 空间参考系使用错误 2. 相机文件、相机焦距、外业控制点坐标、IMU/GNSS 数据等原始数据用错、抄错 3. 其他严重的错漏	/	/	/
平面位置精度	1. 平面控制点、检查点平面位置精度超限 2. 其他严重的错漏	1. 像点量测误差超限 2. 其他较重的错漏	其他一般的错漏	其他轻微的错漏
高程精度	1. 高程控制点、检查点高程精度超限 2. 其他严重的错漏	1. 像点测量误差超限 2. 其他较重的错漏	其他一般的错漏	其他轻微的错漏

续表 6.3.2-2

质量(子)元素	A类	B类	C类	D类
接边精度	1. 区域网间加密点接边大多数超限或未接边 2. 其他严重的错漏	1. 区域网加密点接边差个别超限 2. 其他较重的错漏	其他一般的错漏	其他轻微的错漏
计算质量	1. 连接点大面积匹配错误致使模型连接错误 2. 区域网的相对定向、绝对定向超限 3. 区域网平差计算时未进行粗差检测,或未剔除、修测检测出的粗差点 4. 其他严重的错漏	1. 相对定向中控制点残余上下视差超限 2. 其他较重的错漏	1. 相对定向中标准点、检查点残余上下视差超限 2. 每个像对连接点数量少于规定要求 3. 标准点位落水区域,未按规定均匀补测连接点 4. 其他一般的错漏	其他轻微的错漏
布点质量	1. 平面控制点超基线布控或者高程控制点超基线布控 2. 其他严重的错漏	1. 控制点的布设不符合要求 2. 控制点刺点误差超限 3. 其他较重的错漏	1. 加密点位略图有严重错误 2. 加密点编号不符合相应要求或重号 3. 其他一般的错漏	其他轻微的错漏
资料质量	1. 缺主要成果资料 2. 技术设计指标超出规定要求造成成果无法使用 3. 其他严重的错漏	1. 缺次要成果资料 2. 缺成果附件资料 3. 缺技术总结或检查报告 4. 缺质量检查记录 5. 其他较重的错漏	1. 无成果资料清单或成果资料清单不完整 2. 技术总结、检查报告内容不完整 3. 其他一般的错漏	其他轻微的错漏

6.3.3 数字正射影像图(DOM)成果的质量元素及权划分、错漏分类见表 6.3.3-1 和表 6.3.3-2。

表 6.3.3-1 数字正射影像图(DOM)成果质量元素及权重(单位:幅)

质量元素	权	检查项
空间参考系	0.10	1. 坐标系统 2. 高程基准 3. 投影参数
位置精度	0.40	1. 平面位置中误差 2. 影像接边
逻辑一致性	0.05	1. 数据格式 2. 数据归档 3. 数据文件 4. 文件命名
时间精度	0.05	1. 原始资料 2. 成果数据
影像质量	0.35	1. 地面分辨率 2. 图幅范围 3. 色彩模式 4. 色彩特征 5. 影像噪声 6. 信息丢失
资料质量	0.05	1. 元数据文件的正确性和完整性 2. 成果资料的正确性和完整性

表 6.3.3-2 数字正射影像图(DOM)成果错漏分类

质量元素	A类	B类	C类	D类
空间参考系	1. 平面、高程坐标系使用错误 2. 其他严重的错漏	/	/	/
位置精度	1. 地物点平面位置中误差超限 2. 粗差率大于5% 3. 其他严重的错漏	1. 地物点平面位置误差超限3处 2. 接边误差超限 3. 其他较重的错漏	1. 数据裁切范围错,但未产生影像漏洞 2. 其他一般的错漏	其他轻微的错漏

续表 6.3.3-2

质量元素	A类	B类	C类	D类
逻辑一致性	1. 数据分幅或命名错误 2. 数据存储格式不符合要求 3. 数据组织错误、数据文件缺失或无法读取 4. 其他严重的错漏	其他较重的错漏	其他一般的错漏	其他轻微的错漏
时间精度	1. 影像或其他资料使用错误,未用最新影像或未按设计要求用影像 2. 其他严重的错漏	/	/	/
影像质量	1. 影像地面分辨率不符合规定 2. 影像模糊面积超过图上 30 cm^2 3. 图幅范围小于规定范围 4. 影像数据起止点坐标不符合要求 5. 影像色彩模式不符合要求 6. 影像存在数据丢失、地物扭曲、变形、漏洞等现象 7. 其他严重的错漏	1. 外观质量差(即色调不均匀、图形不清晰等现象),致使重要地物要素损失或一般地形要素大面积损失 2. 真彩色影像图的色彩严重失真 3. 影像模糊面积超过 10 cm^2 4. 影像镶嵌处造成重要地物错位、重影、建筑物不完整(高架、高层房屋等) 5. 影像存在大面积的噪声和条带 6. 其他较重的错漏	1. 影像拼接处有长达图上 5 cm 色差或重影 2. 影像质量差,致使要素密集地区影像损失较大 3. 影像色彩失真 4. 影像镶嵌处造成一般地物(普通房屋、普通道路等)错位或者地物模糊 5. 不当修图造成影像模糊或重影 6. 处理水体过程中误删水中地物 7. 水域色调处理不一致 8. 其他一般的错漏	1. 影像镶嵌处有明显的灰度改变 2. 影像镶嵌处造成不定形地物错位(河流、田埂等) 3. 图幅范围大于规定范围 4. 其他轻微的错漏

续表 6.3.3-2

质量元素	A类	B类	C类	D类
资料质量	1. 缺主要成果资料 2. 技术设计指标超出规定要求造成成果无法使用 3. 其他严重的错漏	1. 缺次要成果资料 2. 缺技术总结或检查报告 3. 缺质量检查记录 4. 其他较重的错漏	1. 无成果资料清单或成果资料清单不完整 2. 技术总结、检查报告内容不完整 3. 其他一般的错漏	1. 元数据文件中遗漏信息或信息错误 2. 其他轻微的错漏

6.3.4 数字表面模型(DSM)成果的质量元素及权划分、错漏分类见表 6.3.4-1 和表 6.3.4-2。

表 6.3.4-1 数字表面模型(DSM)成果质量元素及权重(单位:幅)

质量元素	权	检查项
空间参考系	0.05	1. 坐标系统 2. 高程基准 3. 投影参数
位置精度	0.60	1. 高程中误差的符合性 2. 同名格网点的高程接边的符合性
逻辑一致性	0.05	1. 数据格式 2. 数据归档 3. 数据文件 4. 文件命名
时间精度	0.05	1. 原始资料 2. 成果数据
数据质量	0.20	1. DSM 格网尺寸的正确性 2. DSM 起始点坐标的正确性 3. DSM 格网范围的正确性 4. DSM 与地表的符合性
资料质量	0.05	1. 元数据文件的正确性和完整性 2. 成果资料的正确性和完整性

表 6.3.4-2　数字表面模型(DSM)成果错漏分类

质量元素	A类	B类	C类	D类
空间参考系	1. 平面、高程坐标系使用错误 2. 其他严重的错漏	/	/	/
位置精度	1. DSM 高程中误差超限 2. 粗差率大于 5% 3. 其他严重的错漏	其他较重的错漏	其他一般的错漏	其他轻微的错漏
逻辑一致性	1. 数据分幅或命名错误 2. 数据存储格式不符合要求 3. 数据组织错误、数据文件缺失或无法读取 4. 其他严重的错漏	其他较重的错漏	其他一般的错漏	其他轻微的错漏
时间精度	1. 数据源资料使用错误 2. 其他严重的错漏	/	/	/
数据质量	1. DSM 格网尺寸不符合要求 2. DSM 起始点坐标错误 3. DSM 范围小于规定要求 4. 其他严重的错漏	1. 相邻图幅像素重叠数量不符合规定要求 2. 缓趋势面内(面积超过 1 000 m^2 以上)内插高程点超限 2 处 3. 其他较重的错漏	其他一般的错漏	其他轻微的错漏
资料质量	1. 缺主要成果资料 2. 技术设计指标超出规定要求造成成果无法使用 3. 其他严重的错漏	1. 缺次要成果资料 2. 缺技术总结或检查报告 3. 缺质量检查记录 4. 其他较重的错漏	1. 无成果资料清单或成果资料清单不完整 2. 技术总结、检查报告内容不完整 3. 其他一般的错漏	1. 元数据文件中遗漏信息或信息错误 2. 其他轻微的错漏

6.3.5 数字表面模型(DSM)变化检测成果的质量元素及权划分、错漏分类见表 6.3.5-1 和表 6.3.5-2。

表 6.3.5-1 数字表面模型(DSM)变化检测成果质量元素及权重(单位:幅)

质量元素	权	检查项
空间参考系	0.10	1. 坐标系统 2. 高程基准 3. 投影参数
逻辑一致性	0.05	1. 数据格式 2. 数据归档 3. 数据文件 4. 文件命名
数据质量	0.80	1. DSM 数据源的准确性 2. DSM 格网尺寸的正确性 3. 数据的完整性与可读性 4. 变化检测结果的正确性、现势性
资料质量	0.05	成果资料的正确性和完整性

表 6.3.5-2 数字表面模型(DSM)变化检测成果错漏分类

质量元素	A类	B类	C类	D类
空间参考系	1. 平面、高程坐标系使用错误 2. 其他严重的错漏	/	/	/
逻辑一致性	1. 数据分幅或命名错误 2. 数据存储格式不符合要求 3. 数据组织错误、数据文件缺失或无法读取 4. 其他严重的错漏	其他较重的错漏	其他一般的错漏	其他轻微的错漏

续表 6.3.5-2

质量元素	A类	B类	C类	D类
数据质量	1. 数据源资料使用错误 2. DSM 格网间距不符合要求 3. 数据丢失或不完整 4. 数据存在坐标平移 5. 差分阈值设置错误 6. 其他严重的错漏	1. 大于 2 倍阈值水域未删除多处 2. 相邻图幅像素重叠数量不符合规定要求 3. 其他较重的错漏	1. 大于 2 倍阈值水域未删除 2. 变化检测过程记录主要参数设置错误，但 DSM 变化检测成果正确 3. 满足检测条件的建筑物误删除 4. 其他一般的错漏	其他轻微的错漏
资料质量	1. 缺主要成果资料 2. 技术设计指标超出规定要求造成成果无法使用 3. 其他严重的错漏	1. 缺次要成果资料 2. 缺技术总结或检查报告 3. 缺质量检查记录 4. 其他较重的错漏	1. 无成果资料清单或成果资料清单不完整 2. 技术总结、检查报告内容不完整 3. 其他一般的错漏	其他轻微的错漏

6.3.6 数字高程模型(DEM)成果的质量元素及权划分、错漏分类见表 6.3.6-1 和表 6.3.6-2。

表 6.3.6-1 数字高程模型(DEM)成果质量元素及权重(单位:幅)

质量元素	权	检查项
空间参考系	0.05	1. 坐标系统 2. 高程基准 3. 投影参数
位置精度	0.60	1. 高程中误差的符合性 2. 同名格网点的高程接边的符合性
逻辑一致性	0.05	1. 数据格式 2. 数据归档 3. 数据文件 4. 文件命名

续表 6.3.6-1

质量元素	权	检查项
时间精度	0.05	1. 原始资料 2. 成果数据
数据质量	0.20	1. DEM 格网尺寸的正确性 2. DEM 起始点坐标的正确性 3. DEM 格网范围的正确性 4. DEM 与地形地貌的符合性
资料质量	0.05	1. 元数据文件的正确性和完整性 2. 成果资料的正确性和完整性

表 6.3.6-2　数字高程模型(DEM)成果错漏分类

质量元素	A类	B类	C类	D类
空间参考系	1. 平面、高程坐标系使用错误 2. 其他严重的错漏	/	/	/
位置精度	1. DEM 高程中误差超限 2. 粗差率大于 5% 3. 其他严重的错漏	其他较重的错漏	1. 同名格网点高程接边超限 2. 其他一般的错漏	其他轻微的错漏
逻辑一致性	1. 数据分幅或命名错误 2. 数据存储格式不符合要求 3. 数据组织错误、数据文件缺失或无法读取 4. 其他严重的错漏	其他较重的错漏	其他一般的错漏	其他轻微的错漏
时间精度	1. 数据源资料使用错误 2. 其他严重的错漏	/	/	/

续表 6.3.6-2

质量元素	A类	B类	C类	D类
数据质量	1. DEM格网尺寸不符合要求 2. DEM起始点坐标错误 3. DEM范围小于规定要求 4. 其他严重的错漏	1. 相邻图幅像素重叠数量不符合规定要求 2. 遗漏面积12 000 m^2且高差1倍中误差以上区域 3. 连续面积大于10 000 m^2区域未更新 4. 其他较重的错漏	1. 漏符合条件的水域2处 2. 漏下沉式广场、地道2处 3. 遗漏面积大于等于8 000 m^2小于12 000 m^2且高差1倍中误差以上区域 4. 水域上方异常情况未处理 5. 其他一般的错漏	1. DEM范围大于规定要求 2. 水域高程不符合要求 3. DEM数据不平滑 4. 其他轻微的错漏
资料质量	1. 缺主要成果资料 2. 技术设计指标超出规定要求造成成果无法使用 3. 其他严重的错漏	1. 缺次要成果资料 2. 缺技术总结或检查报告 3. 缺质量检查记录 4. 其他较重的错漏	1. 无成果资料清单或成果资料清单不完整 2. 技术总结、检查报告内容不完整 3. 其他一般的错漏	1. 元数据文件中遗漏信息或信息错误 2. 其他轻微的错漏

6.4 工程测量

6.4.1 平面控制测量成果的质量元素及权划分、错漏分类见表6.4.1-1和表6.4.1-2。

表 6.4.1-1 平面控制测量成果质量元素及权重(单位:点)

质量元素	权	质量子元素	权	检查项
数据质量	0.50	数学精度	0.30	1. 点位中误差与规范及技术设计的符合情况 2. 边长相对中误差与规范及技术设计的符合情况

续表 6.4.1-1

质量元素	权	质量子元素	权	检查项
数据质量	0.50	观测质量	0.40	1. 仪器检验项目的齐全性，检验方法的正确性 2. 观测方法的正确性，观测条件的合理性 3. GNSS 点水准联测的合理性和正确性 4. 归心元素、天线高测定方法的正确性 5. 卫星高度角、有效观测卫星总数、时段中任一卫星有效观测时间、观测时段数、时段长度、数据采样间隔、PDOP 值、钟漂、多路径影响等参数的规范性和正确性 6. 记簿计算的正确性、注记的完整性，数字记录、划改的规范性 7. 数据质量检验的符合性 8. 水平角和导线测距的观测方法，成果取舍和重测的合理性和正确性 9. 天顶距（或垂直角）的观测方法、时间选择、成果取舍和重测的合理性和正确性 10. 规范和技术设计的执行情况 11. 成果取舍和重测的合理性和正确性
		计算质量	0.30	1. 起算点选取的合理性和起算数据的正确性 2. 起算点的兼容性及分布的合理性 3. 坐标改算方法的正确性 4. 数据使用的合理性和正确性 5. 外业验算项目的齐全性、验算方法的正确性 6. 各项指标的符合性
点位质量	0.30	选点质量	0.50	1. 点位布设及点位密度的合理性 2. 点位满足观测条件的符合情况 3. 点位选择的合理性 4. 点之记内容的齐全性和正确性
		埋石质量	0.50	1. 埋石坑位的规范性和尺寸的符合性 2. 标石类型和标石埋设规格的规范性 3. 标志类型、规格的正确性

续表 6.4.1-1

质量元素	权	质量子元素	权	检查项
资料质量	0.20	整饰质量	0.30	1. 技术设计、技术总结、检查报告整饰的规整性 2. 原始资料整饰的规整性 3. 成果资料整饰的规整性
		资料完整性	0.70	1. 技术设计、技术总结、检查报告编写内容的完整性 2. 原始资料的完整性 3. 成果资料的完整性

表 6.4.1-2　平面控制测量成果错漏分类

质量子元素	A类	B类	C类	D类
数学精度	1. 点位中误差超限 2. 边长相对中误差超限 3. 测角中误差超限 4. 方位角闭合差超限 5. 其他严重的错漏	/	/	/
观测质量	1. 违反 GNSS 作业基本技术规定 2. 原始观测记录中的涂改或划改严重不符合规定 3. 违反水平角方向观测法技术要求 4. 违反导线测量主要技术要求 5. 违反测距的主要技术要求 6. 其他严重的错漏	1. 成果取舍、重测不合理 2. 仪器次要技术指标有轻微超限 3. 电子记录程序的输出格式不规范 4. 测量使用仪器设备自检自校项目中非主要项未检或经检验非主要技术指标不符合规定 5. 观测条件不符合规定	1. 观测条件掌握不严,不符合规定 2. 原始观测记录中的注记错漏 3. 其他一般的错漏	1. 原始观测记录中的涂改或划改轻微不符合规定 2. 其他轻微的错漏

续表 6.4.1-2

质量子元素	A类	B类	C类	D类
观测质量		6. 导线测量的导线长度、平均边长、测距相对中误差超限 7. 支导线观测测回数、总长、边数不符合规定 8. 记录修改不符合规定 9. 归心元素测定方法不正确 10. 其他较重的错漏		
计算质量	1. 严重影响成果质量的计算错误 2. 坐标系统错误 3. 起算数据或原始观测数据录用错误,严重影响结果 4. 外业验算缺项 5. 导线各条件自由项超限 6. 方位角条件闭合差超限 7. 计算方法错误,采用指标及各类参数错误,计算结果、分析结论不正确 8. 其他严重的错漏	1. 数据检验后,有关条件不符合规定 2. 数据剔除不符合规定 3. 计算中数字修约严重不符合规定 4. 起算数据或原始观测数据录用错误(毫米级) 5. 其他较重的错漏	1. 不影响成果质量的计算错误或对结果影响较小的计算错误 2. 方位角条件自由项大于限差的4/5 3. 基线条件自由项大于限差的4/5 4. 其他一般的错漏	其他轻微的错漏
选点质量	1. 点位条件完全不符合规定 2. 其他严重的错漏	1. 点位选择不合理 2. 漏绘点之记 3. 其他较重的错漏	1. 点之记内容一般项目内容错误或缺项 2. 漏注或错注重要注记或小数点 3. 选点展点图缺项 4. 其他一般的错漏	其他轻微的错漏

续表 6.4.1-2

质量子元素	A类	B类	C类	D类
埋石质量	1. 标石规格严重不符合规定 2. 标石埋设完全不符合要求 3. 其他严重的错漏	1. 上、下标志中心超限 2. 标志类型、规格存在明显缺陷 3. 标志不符合规定 4. 其他较重的错漏	1. 标石规格或浇注不规范 2. 标石面埋设倾角大于10° 3. 标石外部未整饰 4. 标石埋设或浇注深度不符合规定 5. 其他一般的错漏	其他轻微的错漏
整饰质量	1. 成果资料文字、数字错漏较多，严重影响成果使用 2. 其他严重的错漏	1. 成果资料重要文字、数字错漏 2. 成果文档资料归类、装订不规整 3. 其他较重的错漏	1. 成果资料装订及编号错漏 2. 成果资料次要文字、数字错漏 3. 成果资料编排混乱 4. 其他一般的错漏	其他轻微的错漏
资料完整性	1. 缺主要成果资料 2. 缺主要原始观测记录 3. 其他严重的错漏	1. 缺次要成果资料 2. 缺成果附件资料 3. 缺技术总结或检查报告 4. 缺计算过程资料 5. 缺质量检查记录 6. 其他较重的错漏	1. 无成果资料清单或成果资料清单不完整 2. 技术设计、技术总结、检查报告内容不完整 3. 其他一般的错漏	其他轻微的错漏

6.4.2 高程控制测量成果的质量元素及权划分、错漏分类见表6.4.2-1和表6.4.2-2。

表 6.4.2-1 高程控制测量成果质量元素及权重(单位:测段、点)

质量元素	权	质量子元素	权	检查项
数据质量	0.50	数学精度	0.30	1. 每千米高差中数偶然中误差的符合性 2. 每千米高差中数全中误差的符合性 3. 相对于起算点的最弱点高程中误差的符合性

续表 6.4.2-1

质量元素	权	质量子元素	权	检查项
数据质量	0.50	观测质量	0.40	1. 仪器检验项目的齐全性，检验方法的正确性 2. 测站观测误差的符合性 3. 测段、区段、路线闭合差的符合性 4. 对已有水准点和水准路线联测和接测方法的正确性 5. 观测和检测方法的正确性 6. 观测条件选择的正确性、合理性 7. 成果取舍和重测的正确性、合理性 8. 记簿计算的正确性、注记的完整性，数字记录、划改的规范性
		计算质量	0.30	1. 外业验算项目的齐全性、验算方法的正确性 2. 已知水准点选取的合理性和起算数据的正确性 3. 环闭合差的符合性
点位质量	0.30	选点质量	0.50	1. 水准路线布设、点位选择及点位密度的合理性 2. 水准路线图绘制的正确性 3. 点之记内容的正确性
		埋石质量	0.50	1. 标石类型的规范性和标石质量情况 2. 标石埋设规格的规范性
资料质量	0.20	整饰质量	0.30	1. 技术设计、技术总结、检查报告整饰的规整性 2. 原始资料整饰的规整性 3. 成果资料整饰的规整性
		资料完整性	0.70	1. 技术设计、技术总结、检查报告编写内容的完整性 2. 原始资料的完整性 3. 成果资料的完整性

表 6.4.2-2　高程控制测量成果错漏分类

质量子元素	A类	B类	C类	D类
数学精度	1. 每千米全中误差超限 2. 每千米偶然中误差超限 3. 相对于起算点的最弱点高程中误差超限 4. GNSS 拟合高程精度超限 5. 三角高程附合或环形闭合差超限 6. 其他严重的错漏	/	/	/
观测质量	1. 检测已测测段高差的误差超限 2. 测段、区段、路线高差不符值超限 3. 仪器、标尺测前、测后和过程未按要求进行检验 4. 原始观测记录中的涂改或划改严重不符合规定 5. 上、下午重站数比例严重超限 6. 接测点未按要求进行检测 7. 三角高程测量的测回数、观测方法不正确 8. 三角高程测量指标差较差、垂直角较差、对向观测高差较差超限 9. 其他严重的错漏	1. 成果取舍、重测不合理 2. 仪器、标尺测前、测后和过程检验，次要技术指标超限 3. 仪器检验项目缺项 4. 上、下午重站数比例轻微超限 5. 水准观测视线离地面高度不符合规定 6. 水准测量路线长度或观测次数不符合规定 7. 水准观测前后视累积差、前后视较差超限 8. 其他较重的错漏	1. 原始数据划改不规范 2. 原始观测记录中的注记错漏 3. 观测条件掌握不严 4. 其他一般的错漏	其他轻微的错漏

续表 6.4.2-2

质量子元素	A类	B类	C类	D类
计算质量	1. 改正项目不全，水准测量外业计算未进行正常水准面不平行改正、路(环)线闭合差改正或海岛没进行重力异常的归算改正 2. 验算方法不正确，对结果影响较大的计算错误 3. 观测成果采用不正确 4. 环线闭合差超限 5. 平差软件中数学模型或主要技术指标不符合规定 6. 起算点精度不符合规定，或起算点数据或原始观测数据录用错误(厘米级) 7. 其他严重的错漏	1. 外业验算项目缺项 2. 正常水准面不平行改正、路(环)线闭合差改正或海岛的重力异常的归算改正错、漏 3. 起算点数据或原始观测数据录用错误(毫米级) 4. 计算中数字修约严重不符合规定 5. 对结果影响较小的计算错误 6. 其他较重的错漏	1. 对结果影响较小的计算错误 2. 数字修约不规范 3. 其他一般的错漏	1. 数字修改不规范 2. 其他轻微的错漏
选点质量	1. 点位地质、地理条件极差，极不利于保护、稳定和观测 2. GNSS 拟合高程起算点或水准联测点数量严重不符合规定 3. 其他严重的错漏	1. 点位地理、地质条件不利于保护、稳定和观测 2. 点位密度不合理 3. 其他较重的错漏	1. 点之记中一般项目内容错误或缺项 2. 水准路线图、水准路线结点接测图错漏 3. 其他一般的错漏	其他轻微的错漏

续表 6.4.2-2

质量子元素	A类	B类	C类	D类
埋石质量	1. 标石规格极不符合规定 2. 标石严重倾斜 3. 标志严重不符合规定 4. 现场浇注标石未使用模具(非岩石类) 5. 其他严重的错漏	1. 标石规格不符合规定 2. 标石倾斜较大 3. 标志不符合规定 4. 标石埋设或浇注深度不符合规定 5. 漏绘点之记 6. 其他较重的错漏	1. 标石外部整饰不规范 2. 指示盘或指示碑不规整 3. 标石规格或浇注不规范,标石略有倾斜 4. 其他一般的错漏	其他轻微的错漏
整饰质量	1. 成果资料文字、数字错漏较多,严重影响成果使用 2. 其他严重的错漏	1. 成果资料重要文字、数字错漏 2. 成果文档资料归类、装订不规整 3. 其他较重的错漏	1. 成果资料装订及编号错漏 2. 成果资料次要文字、数字错漏 3. 成果资料编排混乱 4. 其他一般的错漏	其他轻微的错漏
资料完整性	1. 缺主要成果资料 2. 缺主要原始观测记录 3. 其他严重的错漏	1. 缺次要成果资料 2. 缺成果附件资料 3. 缺技术总结或检查报告 4. 缺计算过程资料 5. 缺质量检查记录 6. 其他较重的错漏	1. 无成果资料清单或成果资料清单不完整 2. 技术设计、技术总结、检查报告内容不完整 3. 其他一般的错漏	其他轻微的错漏

6.4.3 全球导航卫星系统实时动态测量(GNSS RTK)成果的质量元素及权划分、错漏分类见表 6.4.3-1 和表 6.4.3-2。

表 6.4.3-1　GNSS RTK 成果质量元素及权重(单位:点)

质量元素	权	质量子元素	权	检查项
数据质量	0.50	数学精度	0.40	1. 各项外业观测误差与限差的符合情况 2. 成果各项精度指标与限差的符合情况
		观测质量	0.40	1. 仪器检验项目的齐全性,检验方法的正确性 2. GNSS RTK 点与已知点联测的合理性和正确性 3. 归心、气象元素和天线高测定方法的正确性 4. 卫星高度角、有效观测卫星总数、时段中任一卫星有效观测时间、观测时段数、时段长度、采样间隔、卫星观测值象现分布、PDOP 值等参数的规范性和正确性 5. 记簿计算的正确性、注记的完整性,数字记录、划改的规范性 6. 成果的补测、重测及数据删除的合理性
		计算质量	0.20	1. 外业验算项目、方法及数据的正确性 2. 已知点选取的合理性和起算数据的正确性
点位质量	0.30	选点质量	0.40	1. 点位选择的合理性、正确性 2. 点位布设及点位密度合理性 3. 标石类型及标石埋设规格的规范性 4. 点之记内容的齐全性和正确性
		造埋质量	0.60	1. 标石类型及标石埋设规格的规范性 2. 点之记内容的齐全性和正确性
资料质量	0.20	整饰质量	0.30	1. 技术设计、技术总结、检查报告整饰的规整性 2. 原始资料整饰的规整性 3. 成果资料整饰的规整性
		资料完整性	0.70	1. 技术设计、技术总结、检查报告编写内容的完整性 2. 原始资料的完整性 3. 成果资料的完整性

表 6.4.3-2 GNSS RTK 成果错漏分类

质量子元素	A类	B类	C类	D类
数学精度	1. 点位中误差超限 2. GNSS RTK 点检测精度超限 3. 其他严重的错漏	/	/	/
观测质量	1. 测量点超出规定的参考站控制范围 2. 测量时未采用标准模板，或者模板数据文件被错误改动，或者点校正方法错误 3. 未按要求进行重复采集 4. 用于导线起算点、地形测站点的 RTK 控制点测量只采集一组数据 5. 测量过程中 PDOP 值不符合规定 6. 其他严重的错漏	1. 平面或高程控制点未按规定进行检核 2. 测回数或初始化次数未达到规定次数(图根级) 3. 每测回或每次初始化观测值数量不符合规定(图根级) 4. 观测数据的采集时间不符合规定 5. 测量模糊度、置信度不符合规定 6. 其他较重的错漏	1. 碎部点未按规定进行检核 2. 外业重复抽检比例不符合规定 3. 原始观测记录改动不符合规定 4. 数据采集的时间不符合规定 5. 测量控制器系统时间错误 6. 其他一般的错漏	其他轻微的错漏
计算质量	1. 纵横坐标平均值取值错误(分米位及以上) 2. 其他严重的错漏	1. 纵横坐标平均值取值错误(厘米位) 2. 其他较重的错漏	其他一般的错漏	其他轻微的错漏
选点质量	1. 点位条件完全不符合要求 2. 其他严重的错漏	1. 漏绘必需的点之记 2. 其他较重的错漏	1. 网图、点之记的绘制错漏 2. 其他一般的错漏	其他轻微的错漏

续表 6.4.3-2

质量子元素	A类	B类	C类	D类
造埋质量	1. 标石浇筑质量、规格严重不符合规定 2. 标石、标志埋设完全不符合要求 3. 其他严重的错漏	1. 标志类型、规格存在明显错漏 2. 标志不符合规定 3. 标石质量极差、外部整饰极不规范 4. 其他较重的错漏	1. 标石规格或浇筑不规范 2. 标石面埋设倾角大于 10° 3. 标石、标志埋设不符合要求 4. 标石外部整饰不规范 5. 其他一般的错漏	其他轻微的错漏
整饰质量	1. 成果资料文字、数字错漏较多，严重影响成果使用 2. 其他严重的错漏	1. 成果资料重要文字、数字错漏 2. 成果文档资料归类、装订不规整 3. 其他较重的错漏	1. 成果资料装订及编号错漏 2. 成果资料次要文字、数字错漏 3. 成果资料编排混乱 4. 其他一般的错漏	其他轻微的错漏
资料完整性	1. 缺主要成果资料 2. 缺主要原始观测资料 3. 其他严重的错漏	1. 缺次要成果资料 2. 缺成果附件资料 3. 缺技术总结或检查报告 4. 缺计算过程资料 5. 缺质量检查记录 6. 其他较重的错漏	1. 无成果资料清单或成果资料清单不完整 2. 技术设计、技术总结、检查报告内容不完整 3. 其他一般的错漏	其他轻微的错漏

6.4.4 定线、拨地测量成果的调整系数、质量元素及权划分、错漏分类见表 6.4.4-1～表 6.4.4-3。

表 6.4.4-1 调整系数

点数	≤10 点	11～20 点	21～30 点	>30 点
调整系数 t	1.0	1.2	1.4	1.6

表 6.4.4-2　定线、拨地测量成果质量元素与权重(单位:点)

质量元素	权	质量子元素	权	检查项
数据质量	0.50	数学精度	0.30	1. 平面控制测量精度与第 6.4.1、6.4.3 条相同 2. 各项外业观测误差、验算的精度指标与限差的符合情况 3. 点位或桩位测设成果的数学精度
		观测质量	0.40	1. 平面控制测量与第 6.4.1、6.4.3 条相同 2. 仪器检验项目的齐全性，检验方法的正确性 3. 水平角、距离观测方法的正确性，观测条件的合理性 4. 记簿计算的正确性、注记的完整性，数字记录、划改的规范性 5. 电子记录程序的正确性和输出格式的规范性 6. 规范和技术设计的执行情况
		计算质量	0.30	1. 平面控制测量与第 6.4.1、6.4.3 条相同 2. 起算点选取的合理性和起算数据的正确性 3. 外业验算项目的齐全性、验算方法的正确性
点位质量	0.30	选点质量	0.40	1. 平面控制测量与第 6.4.1、6.4.3 条相同 2. 点位选择的合理性 3. 点之记内容的齐全性和正确性
		造埋质量	0.60	1. 标石类型的规范性和质量情况 2. 标石埋设规格的规范性
资料质量	0.20	整饰质量	0.30	1. 技术设计、技术总结、检查报告整饰的规整性 2. 原始资料整饰的规整性 3. 成果资料整饰的规整性
		资料完整性	0.70	1. 技术设计、技术总结、检查报告编写内容的完整性 2. 原始资料的完整性 3. 成果资料的完整性

表 6.4.4-3 定线、拨地测量成果错漏分类

质量子元素	A类	B类	C类	D类
数学精度	1. 平面控制测量精度与第 6.4.1、6.4.3 条相同 2. 放样点与相邻控制点的点位中误差超限 3. 采用已有平面控制点时，校核限差超限或未进行校核 4. 其他严重的错漏	/	/	/
观测质量	1. 平面控制测量与第 6.4.1、6.4.3 条相同 2. 电子记录程序错误、未经鉴定或验证 3. 未对放样点进行外业校核 4. 原始观测记录中的涂改或划改严重不符合规定 5. 其他严重的错漏	1. 平面控制测量与第 6.4.1、6.4.3 条相同 2. 放样距离不符合规定 3. 其他较重的错漏	1. 平面控制测量与第 6.4.1、6.4.3 条相同 2. GNSS RTK 放样不符合规定 3. 放样点外业校核方法不正确 4. 其他一般的错漏	1. 平面控制测量与第 6.4.1、6.4.3 条相同 2. 原始观测记录中划改未注明原因 3. 其他轻微的错漏
计算质量	1. 平面控制测量与第 6.4.1、6.4.3 条相同 2. 起算数据或原始观测数据录用错误，对成果影响较大 3. 放样点间实测边长与条件边长相对误差超限 4. 放样点实测坐标与放样坐标之差超限	1. 平面控制测量与第 6.4.1、6.4.3 条相同 2. 放样起始点等级不符合规定 3. 数据来源或其他重要问题交待不清 4. 起算数据或原始观测数据录用错误，对成果影响较小 5. 对结果影响较大的计算错误	1. 平面控制测量与第 6.4.1、6.4.3 条相同 2. 工程资料来源抄录中纵横坐标次序颠倒，但计算正确 3. 数字修约不规范 4. 其他一般的错漏	1. 平面控制测量与第 6.4.1、6.4.3 条相同 2. 不影响成果质量的计算错误或对结果影响较小的计算错误 3. 其他轻微的错漏

续表 6.4.4-3

质量子元素	A类	B类	C类	D类
计算质量	5. 数据剔除不符合规定 6. 其他严重的错漏	6. 曲线要素或方位角标注错误 7. 计算中数字修约严重不符合规定 8. 其他较重的错漏		
选点质量	1. 平面控制测量与第 6.4.1、6.4.3 条相同 2. 其他严重的错漏	1. 平面控制测量与第 6.4.1、6.4.3 条相同 2. 点位选择不合理 3. 其他较重的错漏	1. 平面控制测量与第 6.4.1、6.4.3 条相同 2. 其他一般的错漏	1. 平面控制测量与第 6.4.1、6.4.3 条相同 2. 其他轻微的错漏
造埋质量	1. 标石造埋完全不符合规定 2. 标志类型、规格极不符合规定 3. 其他严重的错漏	1. 标石埋设或浇注深度不符合规定 2. 标志类型、规格不符合规定 3. 点之记重要项目错误 4. 没有点位托管手续或托管手续不完备 5. 其他较重的错漏	1. 标石规格或浇注不规范 2. 标石外部整饰不规范 3. 点之记中一般项目内容错误或缺项 4. 其他一般的错漏	其他轻微的错漏
整饰质量	1. 成果资料文字、数字错漏较多，严重影响成果使用 2. 其他严重的错漏	1. 成果资料重要文字、数字错漏 2. 成果资料归类、装订不规整 3. 成果文档资料归类、装订不规整 4. 其他较重的错漏	1. 成果资料装订及编号错漏 2. 成果资料次要文字、数字错漏 3. 成果资料编排混乱 4. 其他一般的错漏	其他轻微的错漏
资料完整性	1. 缺主要成果资料 2. 缺主要原始观测记录 3. 其他严重的错漏	1. 缺次要成果资料 2. 缺成果附件资料 3. 缺技术总结或检查报告 4. 缺计算过程资料 5. 缺质量检查记录 6. 其他较重的错漏	1. 无成果资料清单，或资料清单不完整 2. 技术设计、技术总结、检查报告内容不完整 3. 其他一般的错漏	其他轻微的错漏

6.4.5 开工放样复验成果的质量元素及权划分、错漏分类见表6.4.5-1和表6.4.5-2。

表6.4.5-1 开工放样复验成果质量元素及权重

质量元素	权	质量(子)元素	权	检查项
数据质量	0.50	数学精度	0.30	1. 平面控制测量精度与第6.4.1、6.4.3条相同 2. 各项观测误差与限差的符合情况 3. 成果各项精度指标与限差的符合情况
		观测质量	0.40	1. 平面控制测量与第6.4.1、6.4.3条相同 2. 水平角、天顶距、距离观测方法的正确性，观测条件的合理性 3. 记簿计算的正确性、注记的完整性，数字记录、划改的规范性 4. 仪器检验项目的齐全性，检验方法的正确性 5. 电子记录程序的正确性和输出格式的规范性 6. 规范和技术设计的执行情况 7. 成果取舍和重测的合理性和正确性
		计算质量	0.30	1. 平面控制测量与第6.4.1、6.4.3条相同 2. 已知点选取的合理性和起算数据的正确性 3. 计算、汇总项目的齐全性 4. 计算、汇总的方法和结果的正确性
点位质量	0.10			1. 平面控制测量与第6.4.1、6.4.3条相同 2. 点位布设及点位密度的合理性 3. 点位满足观测条件的符合情况 4. 点位选择的合理性
地理精度	0.20			1. 地形测量与第6.4.11条相同 2. 各要素符号、线划和注记的正确性 3. 地理要素的协调性 4. 综合取舍的合理性 5. 接边质量

续表 6.4.5-1

质量元素	权	质量(子)元素	权	检查项
资料质量	0.20	整饰质量	0.30	1. 技术设计、技术总结、检查报告整饰的规整性 2. 原始资料整饰的规整性 3. 成果资料整饰的规整性
		资料完整性	0.70	1. 技术设计、技术总结、检查报告编写内容的完整性 2. 原始资料的完整性 3. 成果资料的完整性

表 6.4.5-2 开工放样复验成果错漏分类

质量(子)元素	A类	B类	C类	D类
数学精度	1. 平面控制测量精度与第 6.4.1、6.4.3 条相同 2. 成果精度(地物点点位中误差、间距中误差等)或检测精度超限 3. 其他严重的错漏	/	/	1. 各种要素测量取位不符合规定 2. 其他轻微的错漏
观测质量	1. 平面控制测量与第 6.4.1、6.4.3 条相同 2. 原始观测记录中的涂改或划改严重不符合规定 3. 其他严重的错漏	1. 平面控制测量与第 6.4.1、6.4.3 条相同 2. 漏测建设用地界线外侧接边的地形地物或起境界作用的围墙 3. 漏测规划审批平面图上所标示的建筑物/构筑物角点坐标 4. 成果的取舍、重测不合理 5. 其他较重的错漏	1. 平面控制测量与第 6.4.1、6.4.3 条相同 2. 其他一般的错漏	1. 平面控制测量与第 6.4.1、6.4.3 条相同 2. 原始观测记录中的涂改或划改轻微不符合规定 3. 其他轻微的错漏

续表 6.4.5-2

质量(子)元素	A类	B类	C类	D类
计算质量	1. 平面控制测量与第6.4.1、6.4.3条相同 2. 房角坐标、占地面积、四至尺寸等数据计算、汇总错误，严重影响成果使用 3. 其他严重的错漏	1. 平面控制测量与第6.4.1、6.4.3条相同 2. 对结果影响较大的计算错误 3. 计算中数字修约严重不符合规定 4. 其他较重的错漏	1. 平面控制测量与第6.4.1、6.4.3条相同 2. 规划检测要素内业计算错误或漏计算 3. 其他一般的错漏	1. 平面控制测量与第6.4.1、6.4.3条相同 2. 其他轻微的错漏
点位质量	1. 平面控制测量与第6.4.1、6.4.3条相同 2. 点位条件完全不符合要求 3. 其他严重的错漏	1. 平面控制测量与第6.4.1、6.4.3条相同 2. 点位选择不合理 3. 其他较重的错漏	1. 平面控制测量与第6.4.1、6.4.3条相同 2. 漏注或错注重要注记或小数点 3. 其他一般的错漏	1. 平面控制测量与第6.4.1、6.4.3条相同 2. 其他轻微的错漏
地理精度	1. 地形测量与第6.4.11条相同 2. 其他严重的错漏	1. 地形测量与第6.4.11条相同 2. 地物点/界址点间距或其相对于邻近控制点的(点位)中误差超限 3. 其他较重的错漏	1. 地形测量与第6.4.11条相同 2. 未标注示地下工程位置 3. 其他一般的错漏	1. 地形测量与第6.4.11条相同 2. 其他轻微的错漏
整饰质量	1. 成果资料文字、数字错漏较多，严重影响成果使用 2. 其他严重的错漏	1. 成果资料重要文字、数字错漏 2. 成果文档资料归类、装订不规整 3. 其他较重的错漏	1. 成果资料装订及编号错漏 2. 成果资料次要文字、数字错漏 3. 成果资料编排混乱 4. 其他一般的错漏	其他轻微的错漏
资料完整性	1. 缺主要成果资料 2. 缺主要原始观测记录 3. 其他严重的错漏	1. 缺次要成果资料 2. 缺成果附件资料 3. 缺技术总结或检查报告 4. 缺计算过程资料 5. 缺质量检查记录 6. 其他较重的错漏	1. 无成果资料清单或成果资料清单不完整 2. 技术设计、技术总结、检查报告内容不完整 3. 其他一般的错漏	其他轻微的错漏

6.4.6 建筑工程规划竣工验收测量成果的质量元素及权划分、错漏分类见表 6.4.6-1 和表 6.4.6-2。

表 6.4.6-1 建筑工程规划竣工验收测量成果质量元素及权重

<table>
<tr><th>质量元素</th><th>权</th><th>质量(子)元素</th><th>权</th><th>检查项</th></tr>
<tr><td rowspan="3">数据质量</td><td rowspan="3">0.50</td><td>数学精度</td><td>0.30</td><td>1. 控制测量精度与第 6.4.1、6.4.2、6.4.3 条相同
2. 地形测量精度与第 6.4.11 条相同
3. 建筑物边长和四至距离精度
4. 建筑物面积精度
5. 建筑物高度精度</td></tr>
<tr><td>观测质量</td><td>0.40</td><td>1. 控制测量与第 6.4.1、6.4.2、6.4.3 条相同
2. 地形测量与第 6.4.11 条相同
3. 仪器检验项目的齐全性，检验方法的正确性
4. 水平角、天顶距、距离观测方法的正确性，观测条件的合理性
5. 记簿计算的正确性、注记的完整性，数字记录、划改的规范性
6. 电子记录程序的正确性和输出格式的规范性
7. 规范和技术设计的执行情况
8. 成果取舍和重测的合理性和正确性</td></tr>
<tr><td>计算质量</td><td>0.30</td><td>1. 控制测量与第 6.4.1、6.4.2、6.4.3 条相同
2. 地形测量与第 6.4.11 条相同
3. 计算、汇总项目的齐全性
4. 计算、汇总的方法和结果的正确性</td></tr>
<tr><td>点位质量</td><td>0.10</td><td colspan="3">1. 控制测量与第 6.4.1、6.4.2、6.4.3 条相同
2. 点位布设及点位密度的合理性
3. 点位满足观测条件的符合情况
4. 点位选择的合理性</td></tr>
<tr><td>地理精度</td><td>0.20</td><td colspan="3">1. 地形测量与第 6.4.11 条相同
2. 各要素符号、线划和注记的正确性
3. 地理要素的协调性
4. 综合取舍的合理性
5. 接边质量</td></tr>
</table>

续表 6.4.6-1

质量元素	权	质量(子)元素	权	检查项
资料质量	0.20			1. 技术设计、技术总结、检查报告编写内容的完整性和整饰的规整性 2. 原始资料的齐全性和整饰的规整性 3. 成果资料的齐全性和整饰的规整性

表 6.4.6-2 建筑工程规划竣工验收测量成果错漏分类

质量(子)元素	A类	B类	C类	D类
数学精度	1. 控制测量与第6.4.1、6.4.2、6.4.3条相同 2. 地形测量与第6.4.11条相同 3. 基地面积、绿化面积、建筑物面积超限 4. 建筑物高度超限 5. 建筑退界超限、间距中误差超限 6. 其他严重的错漏	1. 控制测量与第6.4.1、6.4.2、6.4.3条相同 2. 地形测量与第6.4.11条相同 3. 其他较重的错漏	1. 控制测量与第6.4.1、6.4.2、6.4.3条相同 2. 地形测量与第6.4.11条相同 3. 建筑物边长超限 4. 其他一般的错漏	1. 控制测量与第6.4.1、6.4.2、6.4.3条相同 2. 地形测量与第6.4.11条相同 3. 各种要素测量取位不符合精度要求 4. 其他轻微的错漏
观测质量	1. 原始观测记录中的涂改或划改严重不符合规定 2. 重要测量精度超限(如导线网、水准路线等) 3. 违反基本技术要求,观测方法不正确 4. 其他严重的错漏	1. 次要测量精度超限(如平均边长、总长、测距相对中误差,前后视累积差、前后视较差超限,GNSS RTK重复采集较差轻微超限) 2. 仪器次要指标轻微超限 3. 违反一般技术要求,技术问题处理错漏	1. 数字修约不规范 2. 技术要求、技术问题处理轻微错漏 3. 其他一般错漏	1. 原始观测记录轻微错漏 2. 其他轻微的错漏

续表 6.4.6-2

质量(子)元素	A类	B类	C类	D类
观测质量		4. 观测条件掌握不严 5. 原始观测记录不规范 6. 成果取舍、重测不合理 7. 其他较重的错漏		
计算质量	1. 基地面积、绿化面积、建筑物面积、建筑物高度、容积率、建筑退界及间距等数据录用、计算、汇总错误，且超限 2. 其他严重的错漏	1. 其他数据录用、计算、汇总错误，且超限 2. 其他较重的错漏	1. 各项数据录用、计算、汇总错误，但小于限差，对结果影响不大 2. 其他一般错漏	1. 各项数据的取值精度，数字修约不符合要求，对结果影响轻微 2. 其他轻微的错漏
点位质量	1. 控制测量与第6.4.1、6.4.2、6.4.3条相同 2. 点位条件完全不符合要求 3. 其他严重的错漏	1. 控制测量与第6.4.1、6.4.2、6.4.3条相同 2. 点位选择不合理 3. 其他较重的错漏	1. 控制测量与第6.4.1、6.4.2、6.4.3条相同 2. 漏注或错注重要注记或小数点 3. 其他一般的错漏	1. 控制测量与第6.4.1、6.4.2、6.4.3条相同 2. 其他轻微的错漏
地理精度	1. 地形测量与第6.4.11条相同 2. 建筑物等重要地物错漏 3. 其他严重的错漏	1. 地形测量与第6.4.11条相同 2. 一般地物错漏 3. 其他地物、地貌符号、地理名称注记、高程注记等整体不符合图式规定 4. 其他较重的错漏	1. 地形测量与第6.4.11条相同 2. 个别符号、注记错漏 3. 其他一般的错漏	1. 地形测量与第6.4.11条相同 2. 其他轻微的错漏

续表 6.4.6-2

质量(子)元素	A类	B类	C类	D类
资料质量	1. 缺主要成果资料 2. 缺主要原始观测资料 3. 其他严重的错漏	1. 成果资料不全，缺少次要资料 2. 成果资料重要文字、数字错漏 3. 缺次要成果资料 4. 缺技术总结或检查报告 5. 缺质量检查记录 6. 其他较重的错漏	1. 成果资料装订及编号错漏 2. 成果资料次要文字、数字错漏 3. 成果资料编排混乱 4. 无成果资料清单或成果资料清单不完整 5. 技术设计、技术总结、检查报告内容不完整 6. 其他一般的错漏	其他轻微的错漏

6.4.7 日照分析测量成果的质量元素及权划分、错漏分类见表 6.4.7-1和表 6.4.7-2。

表 6.4.7-1 日照分析测量成果质量元素及权重

质量元素	权	质量(子)元素	权	检查项
数据质量	0.50	数学精度	0.30	1. 控制测量精度与第 6.4.1、6.4.2、6.4.3 条相同 2. 地形测量精度与第 6.4.11 条相同 3. 建筑物要素精度
		观测质量	0.40	1. 控制测量与第 6.4.1、6.4.2、6.4.3 条相同 2. 地形测量与第 6.4.11 条相同 3. 仪器检验项目的齐全性，检验方法的正确性 4. 水平角、天顶距、距离观测方法的正确性，观测条件的合理性 5. 记簿计算的正确性、注记的完整性，数字记录、划改的规范性 6. 电子记录程序的正确性和输出格式的规范性 7. 规范和技术设计的执行情况 8. 成果取舍和重测的合理性和正确性

续表 6.4.7-1

质量元素	权	质量(子)元素	权	检查项
数据质量	0.50	计算质量	0.30	1. 控制测量与第 6.4.1、6.4.2、6.4.3 条相同 2. 地形测量与第 6.4.11 条相同 3. 计算、汇总项目的齐全性 4. 计算、汇总方法和结果的正确性
点位质量	0.10	1. 控制测量与第 6.4.1、6.4.2、6.4.3 条相同 2. 点位布设及点位密度的合理性 3. 点位满足观测条件的符合情况 4. 点位选择的合理性		
地理精度	0.20	1. 地形测量与第 6.4.11 条相同 2. 各要素符号、线划和注记的正确性 3. 地理要素的协调性 4. 综合取舍的合理性 5. 接边质量		
资料质量	0.20	1. 技术设计、技术总结、检查报告编写内容的完整性和整饰的规整性 2. 原始资料的齐全性和整饰的规整性 3. 成果资料的齐全性和整饰的规整性		

表 6.4.7-2　日照分析测量成果错漏分类

质量(子)元素	A类	B类	C类	D类
数学精度	1. 控制测量精度与第 6.4.1、6.4.2、6.4.3 条相同 2. 地形测量精度与第 6.4.11 条相同 3. 主客体建筑物主要要素平面或高度超限 4. 其他严重的错漏	1. 控制测量精度与第 6.4.1、6.4.2、6.4.3 条相同 2. 地形测量精度与第 6.4.11 条相同 3. 主客体建筑物次要要素(女儿墙、电梯房、水箱等)平面或高度超限 4. 客体建筑物门、窗、阳台等位置、宽度、高度超限 5. 其他较重的错漏	1. 控制测量精度与第 6.4.1、6.4.2、6.4.3 条相同 2. 地形测量精度与第 6.4.11 条相同 3. 其他一般的错漏	1. 控制测量精度与第 6.4.1、6.4.2、6.4.3 条相同 2. 地形测量精度与第 6.4.11 条相同 3. 各种要素测量取位不符合精度要求 4. 其他轻微的错漏

续表 6.4.7-2

质量(子)元素	A类	B类	C类	D类
观测质量	1. 原始观测记录中的涂改或划改严重不符合规定 2. 导线网、水准路线等重要测量精度超限 3. 违反基本技术要求，观测方法不正确 4. 其他严重的错漏	1. 次要测量精度超限(如平均边长、总长、测距相对中误差，前后视累积差、前后视较差超限，GNSS RTK 重复采集较差轻微超限) 2. 仪器次要指标轻微超限 3. 违反一般技术要求，技术问题处理错漏 4. 观测条件掌握不严 5. 原始观测记录不规范 6. 成果取舍、重测不合理 7. 其他较重的错漏	1. 数字修约不规范 2. 技术要求、技术问题处理轻微错漏 3. 其他一般错漏	1. 原始手簿轻微错漏 2. 其他轻微的错漏
计算质量	1. 主客体建筑物主要要素数据计算错误，且超限 2. 控制和地形各类数据计算错误，且超限 3. 其他严重的错漏	1. 其他数据录用、计算、汇总错误，且超限 2. 其他较重的错漏	1. 各项数据录用、计算、汇总错误，但小于限差，对结果影响不大 2. 其他一般错漏	1. 取值精度、数字修约不符合要求，对结果影响轻微 2. 其他轻微的错漏
点位质量	1. 控制测量与第 6.4.1、6.4.2、6.4.3 条相同 2. 点位条件完全不符合要求 3. 其他严重的错漏	1. 控制测量与第 6.4.1、6.4.2、6.4.3 条相同 2. 点位选择不合理 3. 其他较重的错漏	1. 控制测量与第 6.4.1、6.4.2、6.4.3 条相同 2. 漏注或错注重要注记或小数点 3. 其他一般的错漏	1. 控制测量与第 6.4.1、6.4.2、6.4.3 条相同 2. 其他轻微的错漏

续表 6.4.7-2

质量(子)元素	A类	B类	C类	D类
地理精度	1. 地形测量与第6.4.11条相同 2. 主客体建筑物主要要素错漏 3. 其他严重的错漏	1. 地形测量与第6.4.11条相同 2. 主客体建筑物次要要素、客体建筑物门、窗、阳台等图件错漏 3. 各类符号标注整体不符合图式规定 4. 其他较重的错漏	1. 地形测量与第6.4.11条相同 2. 个别符号、注记错漏 3. 其他一般的错漏	1. 地形测量与第6.4.11条相同 2. 其他轻微的错漏
资料质量	1. 缺主要成果资料 2. 缺主要原始观测资料 3. 其他严重的错漏	1. 成果资料不全，缺少次要资料 2. 成果资料重要文字、数字错漏 3. 缺次要成果资料 4. 缺技术总结或检查报告 5. 缺质量检查记录 6. 其他较重的错漏	1. 成果资料装订及编号错漏 2. 成果资料次要文字、数字错漏 3. 成果资料编排混乱 4. 无成果资料清单或成果资料清单不完整 5. 技术设计、技术总结、检查报告内容不完整 6. 其他一般的错漏	其他轻微的错漏

6.4.8 市政工程测量成果的质量元素及权划分，错漏分类见表 6.4.8-1和表 6.4.8-2。

表 6.4.8-1 市政工程测量成果质量元素及权重

质量元素	权	质量子元素	权	检查项
数据质量	0.60	数学精度	0.30	1. 控制测量精度与第 6.4.1、6.4.2、6.4.3 条相同 2. 地形测量精度与第 6.4.11 条相同 3. 断面成果精度与规范及技术设计的符合情况 4. 点位或桩位测设成果精度与规范及技术设计的符合情况

续表 6.4.8-1

质量元素	权	质量子元素	权	检查项
数据质量	0.60	观测质量	0.40	1. 控制测量与第 6.4.1、6.4.2、6.4.3 条相同 2. 记簿计算的正确性、注记的完整性，数字记录、划改的规范性 3. 仪器检验项目的齐全性，检验方法的正确性 4. 电子记录程序的正确性和输出格式的规范性 5. 规范和技术设计的执行情况 6. 成果取舍和重测的合理性和正确性
		计算质量	0.30	1. 验算项目的齐全性和验算方法的正确性 2. 已知点选取的合理性和起算数据的正确性
点位质量	0.20	选点质量	0.50	1. 控制点布设及点位密度的合理性 2. 点位选择的合理性
		造埋质量	0.50	1. 标石埋设规格的规范性 2. 标石类型的规范性和标石质量情况 3. 点之记、移交手续内容的齐全性和正确性
资料质量	0.20	整饰质量	0.30	1. 技术设计、技术总结、检查报告整饰的规整性 2. 原始资料整饰的规整性 3. 成果资料整饰的规整性
		资料完整性	0.70	1. 技术设计、技术总结、检查报告编写的齐全性和完整性 2. 原始资料的完整性 3. 成果资料的完整性

表 6.4.8-2　市政工程测量成果错漏分类

质量子元素	A类	B类	C类	D类
数学精度	1. 控制测量精度与第 6.4.1、6.4.2、6.4.3 条相同 2. 地形测量精度与第 6.4.11 条相同 3. 纵、横断面图数学精度、中桩桩位误差和曲线测设误差等超限	/	/	/

续表 6.4.8-2

质量子元素	A类	B类	C类	D类
数学精度	4. 断面、散点标高测量检测中误差超限 5. 其他严重的错漏			
观测质量	1. 控制测量与第6.4.1、6.4.2、6.4.3条相同 2. 地形测量与第6.4.11条相同 3. 排水管管线测量出现系统性差错 4. 未对放样点进行外业检核 5. 原始观测记录中的涂改或划改严重不符合规定 6. 电子记录程序错误、未经鉴定或验证 7. 其他严重的错漏	1. 排水管管径、管底测错较严重 2. 断面、散点标高测量未按规定进行回读 3. 实测分中或内业量测中心线或红线，直线段实测点数少于三点或量测坐标与回归直线横向偏差超限 4. 漏测地形高差突变处和交界处纵断面点 5. 改建桥梁漏测老桥桥顶和桥底标高 6. 其他较重的错漏	1. 放样点外业检核方法不正确 2. 漏测折点、交点等特征点高程 3. 纵断面基本桩号间距超过规定间距的1/2 4. 横断面测点数少于5点 5. 漏测路头、单位、弄口、涵洞等处标高 6. 其他一般的错漏	1. 原始观测记录划改未注明原因 2. 其他轻微的错漏
计算质量	1. 里程计算错误，严重影响结果 2. 起算数据或原始观测数据录用错误，严重影响结果 3. 数据剔除不符合规定 4. 其他严重的错漏	1. 里程计算错误，对结果影响较大 2. 断面、散点标高矛盾，对结果影响较大 3. 起算或原始观测数据录用错误，对结果影响较大 4. 原始观测记录中的计算错误，对结果影响较重大 5. 数据来源或其他重要问题交待不清	1. 成果的取舍、重测不合理 2. 对结果影响较小的计算错误 3. 数字修约、改动不规范 4. 漏注或错注文字注记或小数点 5. 其他一般的错漏	1. 原始观测记录计算存在轻微错误但不影响成果 2. 其他轻微的错漏

续表 6.4.8-2

质量子元素	A类	B类	C类	D类
计算质量		6. 计算中数字修约严重不符合规定 7. 其他较重的错漏		
选点质量	1. 点位地理条件极差,不稳定,极不利于保护和观测 2. 其他严重的错漏	1. 点位密度不合理 2. 点位地理条件不稳定,不利于保护和观测 3. 其他较重的错漏	其他一般的错漏	其他轻微的错漏
造埋质量	1. 标石造埋不符合要求,不能使用 2. 标志类型、规格与技术设计或规范严重不符 3. 其他严重的错漏	1. 标桩埋设不符合要求 2. 点之记的绘制错漏较多 3. 点之记没有移交手续 4. 其他较重的错漏	1. 标桩破坏,未及时恢复 2. 点之记中一般项目内容错误或缺项 3. 其他一般的错漏	其他轻微的错漏
整饰质量	1. 成果资料文字、数字错漏较多,严重影响成果使用 2. 其他严重的错漏	1. 成果资料重要文字、数字错漏 2. 成果资料归类、装订不规整 3. 成果文档资料归类、装订不规整 4. 其他较重的错漏	1. 成果资料装订及编号错漏 2. 成果资料次要文字、数字错漏 3. 成果资料编排混乱 4. 其他一般的错漏	其他轻微的错漏
资料完整性	1. 缺主要成果资料 2. 缺主要原始观测记录 3. 其他严重的错漏	1. 缺次要成果资料 2. 缺成果附件资料 3. 缺技术总结或检查报告 4. 缺计算过程资料 5. 缺质量检查记录 6. 其他较重的错漏	1. 无成果资料清单,或资料清单不完整 2. 技术设计、技术总结、检查报告内容不完整 3. 其他一般的错漏	其他轻微的错漏

6.4.9 变形测量成果主要包括沉降、位移、倾斜、收敛等内容,每项的质量元素应以观测周期或项目、工程为单位。变形测量成果的质量元素及权划分、错漏分类见表 6.4.9-1 和表 6.4.9-2。

表 6.4.9-1 变形测量成果质量元素及权重

质量元素	权	质量子元素	权	检查项
数据质量	0.60	数学精度	0.30	1. 控制测量精度与第 6.4.1、6.4.2、6.4.3 条相同 2. 基准网精度与规范及技术设计的符合情况 3. 各项内容测量精度与规范及技术设计的符合情况
		观测质量	0.40	1. 仪器检验项目的齐全性，检验方法的正确性 2. 规范和技术设计的执行情况 3. 各项限差与规范或技术设计的符合情况 4. 观测方法的规范性，观测条件的合理性 5. 成果取舍和重测的正确性、合理性 6. 观测周期及中止观测时间确定的合理性 7. 数据采集的完整性、连续性 8. 电子记录程序的正确性和输出格式的规范性
		计算分析	0.30	1. 外业验算项目的齐全性、验算方法的正确性 2. 已知点选取的合理性和起算数据的正确性 3. 成果资料分析的合理性、全面性
点位质量	0.20	选点质量	0.50	基准点、观测点布设及点位密度、位置选择的合理性
		造埋质量	0.50	1. 基准点的稳定性 2. 观测点的稳定性
资料质量	0.20	整饰质量	0.30	1. 技术设计、技术总结、检查报告整饰的规整性 2. 原始资料整饰的规整性 3. 成果资料整饰的规整性
		资料完整性	0.70	1. 技术设计、技术报告、检查报告内容的全面性 2. 原始资料的完整性 3. 成果资料的完整性 4. 技术问题处理的合理性

表 6.4.9-2　变形测量成果错漏分类

质量子元素	A类	B类	C类	D类
数学精度	1. 基准网精度超限 2. 测量精度超限 3. 变形点相对于最近基准点、相邻基准点或变形点的点位中误差或高差中误差超限	/	/	/
观测质量	1. 监测网及观测点的观测方法，使用仪器及作业要求不符合技术方案 2. 观测前测量使用仪器未进行自检自校或经检验主要技术指标超限 3. 观测限差超限 4. 原始观测记录中的涂改或划改严重不符合规定 5. 电子记录程序错误、未经鉴定或验证 6. 中止观测时间确定不正确 7. 技术设计方案严重不符合规范或合同协议要求 8. 补测和重测不符合规定 9. 其他严重的错漏	1. 电子记录电子记录输出格式不规范 2. 仪器设备检验项目缺项或次要技术指标超限 3. 外业观测少或数据不完整、不连续 4. 基准点缺复测或检测 5. 观测周期与观测方案或变形情况不一致 6. 成果取舍、重测不合理 7. 其他较重的错漏	1. 漏注或错注文字注记或小数点 2. 对结果影响较小的计算错误 3. 数字修约、改动不规范 4. 技术问题处理不完善 5. 其他一般的错漏	其他轻微的错漏
计算分析	1. 基准点（工作基点）数据及原始观测数据录用错误	1. 数据来源或其他重要问题交待不清	1. 对结果影响较小的计算错误 2. 数字修约、改动不规范	其他轻微的错漏

续表 6.4.9-2

质量子元素	A类	B类	C类	D类
计算分析	2. 观测点变形值没按要求进行工作基点变形值的改正 3. 数据剔除不符合规定 4. 记录中对结果有严重影响的计算错误 5. 未检验分析基准点的稳定性 6. 其他严重的错漏	2. 计算中数字修约和取值精度严重不符合规定 3. 对结果影响重大的计算错误 4. 其他较重的错漏	3. 其他一般的错漏	
选点质量	1. 基准点、工作基点位置选择严重不符合规范要求 2. 其他严重的错漏	1. 观测点布设在不能反映变形特征的位置 2. 点位密度不合理 3. 其他较重的错漏	其他一般的错漏	其他轻微的错漏
造埋质量	1. 基准点的埋设数量不符合要求 2. 基准点、工作基点、观测点标石类型、规格与技术设计或规范严重不符 3. 基准点不稳固 4. 基准点、观测点埋设严重不符合规范要求 5. 其他严重的错漏	1. 观测点埋设不符合要求 2. 基准点破坏 3. 点之记的绘制错漏较多 4. 其他较重的错漏	1. 观测点破坏 2. 观测点标石、标志不规范 3. 点之记中一般项目内容错误或缺项 4. 其他一般的错漏	其他轻微的错漏
整饰质量	1. 成果资料文字、数字错漏较多，严重影响成果使用 2. 其他严重的错漏	1. 成果资料重要文字、数字错漏 2. 成果文档资料归类、装订不规整 3. 成果文档资料归类、装订不规整 4. 其他较重的错漏	1. 成果资料装订及编号错漏 2. 成果资料次要文字、数字错漏 3. 其他一般的错漏	其他轻微的错漏

续表 6.4.9-2

质量子元素	A类	B类	C类	D类
资料完整性	1. 技术设计中未明确变形预警值 2. 计算说明、成果图表、变形分析报告中原则性错漏 3. 原始观测记录提交不完整 4. 缺主要成果资料 5. 其他严重的错漏	1. 缺次要成果资料 2. 缺技术总结或检查报告 3. 缺计算过程资料 4. 缺质量检查记录 5. 其他较重的错漏	1. 无成果资料清单,或资料清单不完整 2. 技术设计、技术总结、检查报告内容不完整 3. 其他一般的错漏	其他轻微的错漏

6.4.10 地下管线跟踪测量成果的质量元素及权划分,错漏分类见表 6.4.10-1 和表 6.4.10-2。

表 6.4.10-1 地下管线跟踪测量成果质量元素及权重

质量元素	权	质量子元素	权	检查项
控制测量精度	0.20	数学精度	/	控制测量精度与第 6.4.1、6.4.2、6.4.3 条相同
管线图质量	0.70	数学精度	0.30	1. 管线点平面精度 2. 管线点高程精度
		地理精度	0.30	1. 管线属性的齐全性、正确性、协调性 2. 管线图注记和符号的正确性 3. 管线调查和探测综合取舍的合理性、完整性 4. 管线分类的正确性 5. 关联成果的一致性 6. 接边质量
		逻辑一致性	0.20	1. 格式一致性 2. 概念一致性 3. 拓扑一致性
		整饰质量	0.20	1. 符号、线划的规整性 2. 图廓外整饰的规整性 3. 注记的规整性 4. 管线图几何表达的规整性

续表 6.4.10-1

质量元素	权	质量子元素	权	检查项
资料质量	0.10	资料完整性	0.80	1. 工程依据文件的齐全性 2. 工程凭证资料的齐全性 3. 原始探测、测量资料的齐全性 4. 图表、成果表的完整性 5. 技术设计、技术总结、检查报告编写内容的完整性
		整饰规整性	0.20	1. 依据资料、记录图表归档的规整性 2. 报告、总结、图、表、簿册整饰的规整性 3. 资料记录、归档的规范性

表 6.4.10-2 地下管线跟踪测量成果错漏分类

质量(子)元素	A类	B类	C类	D类
控制测量精度	控制测量精度与第6.4.1、6.4.2、6.4.3条相同	控制测量精度与第6.4.1、6.4.2、6.4.3条相同	控制测量精度与第6.4.1、6.4.2、6.4.3条相同	其他轻微的错漏
数学精度	1. 管线点测量/探测平面、高程中误差超限或粗差比例超过允许值 2. 管线成果管线图坐标系统错误 3. 其他严重的错漏	1. 管线点/探测平面超限2处(检测点少于20点时) 2. 管线点测量/探测高程超限2处(检测点少于20点时) 3. 附属物平面或高程超限2处 4. 其他较重的错漏	/	/
地理精度	1. 主干管线漏测(探)1条,或次要(支)管线漏测(探)2条 2. 管线连错、漏连,管线点(线)或注记错漏严重程度达5%	1. 次要(支)管线漏测(探)1条,或管线附属物漏测2处 2. 管线连错、漏连 3. 非开挖主干管线走向失真或去向不清楚	1. 管线附属物漏测 2. 管线成果图中管线点、附属物符号块错漏 3. 条形或多边形井盖范围中心高程错漏	1. 管线次要属性错漏 2. 其他轻微的错漏

续表 6.4.10-2

质量(子)元素	A类	B类	C类	D类
地理精度	3. 管线走向严重失真或管线去向严重不清楚 4. 管线点设置严重不合理或管线点间距超限达5% 5. 主干自流管线的流向，图上与实地相反 6. 管线点(线)属性与实地不符达5% 7. 管线主要属性整体错漏 8. 管线属性严重不接边 9. 其他严重的错漏	4. 次要管线走向失真或去向不清楚2处 5. 管线点间距超限 6. 次要自流管线的流向，图上与实地相反2处 7. 管线主要属性错漏2处 8. 管线次要属性整体错漏 9. 管线图中管线点、附属物坐标或高程错漏2处 10. 管线图中管线线段坐标或高程错漏 11. 其他较重的错漏	4. 管线点(线)注记错漏 5. 其他一般的错漏	
逻辑一致性	1. 管线图与管线成果数据严重不一致达1% 2. 管线图中点与线坐标和高程整体不一致 3. 其他严重的错漏	1. 自流管线流向与高程存在逻辑关系错误 2. 管线存在严重空间碰撞 3. 管线图中点与线坐标或高程不一致，且超过限差2处 4. 管线主要格式不符合规范要求 5. 管线逻辑关系错误 6. 管线与附属物逻辑关系错误(如穿井等) 7. 新老管线相互关系处理不当 8. 管线不连续，且未说明情况	1. 管线存在轻微空间碰撞2处 2. 管线图中点与线坐标或高程不一致，但在限差范围内2处 3. 管线线段间脱节，影响成果轻微 4. 附属设施符号与管线连接关系错误 5. 管线与过路导管、管沟等不接边2处 6. 管线入井点与井室不接边2处 7. 管线、附属物次要格式不符合规范要求2处	1. 管线图层中存在其他多余实体 2. 存在重复管线点、管线段或符号块 3. 管线点存在孤点 4. 其他轻微的错漏

续表 6.4.10-2

质量(子)元素	A类	B类	C类	D类
逻辑一致性		9. 其他较重的错漏	8. 管线、附属物符号块图层格式不符合规范要求 9. 管线图中管线点、附属物等符号块格式错误(图层、线型、块名、比例、定位等) 10. 管线线段存在孤线 11. 其他一般的错漏	
整饰质量	1. 管线图点线属性注记差错较多，给成果使用造成严重影响 2. 管线与地形背景严重不符，给管线使用造成严重影响 3. 其他严重的错漏	1. 管线扯旗文字注记内容与管线属性不一致 2. 图幅接边存在错漏 3. 电子记录程序或平差软件、数据处理软件输出成果格式不规范 4. 其他较重的错漏	1. 管线图中井室、过路导管、综合管沟等实体未用闭合的多义线表示 2. 管线图中管线表示示意方向时，指向符号存在错漏 3. 遗漏管线扯旗注记 4. 管线符号规格错误(图形、颜色、尺寸) 5. 其他一般的错漏	1. 管线图中井室与管线相接处未添加节点 2. 管线图中井室、过路导管、综合管沟等实体未闭合 3. 管线附属物符号块方向未按规范要求放置 4. 管线扯旗方向或位置不合理 5. 管线扯旗注记文字格式(图层、字体、字号颜色等)错误

续表 6.4.10-2

质量(子)元素	A类	B类	C类	D类
整饰质量				6. 管线扯旗注记图层错误 7. 管线注记压盖管线 8. 其他轻微的错漏
资料完整性	1. 缺主要成果资料 2. 缺主要原始观测记录 3. 技术设计不符合规范或合同要求 4. 其他严重的错漏	1. 缺次要成果资料 2. 技术设计、技术总结、检查报告缺少应有的章节2处 3. 测绘单位自检比例没有达到规定的要求 4. 缺质量检查记录 5. 其他较重的错漏	1. 技术设计、技术总结、施测过程中该说明的特殊情况未说明 2. 技术设计、技术总结、检查报告内容不完整 3. 管线成果表中管线成果不全 4. 其他一般的错漏	其他轻微的错漏
整饰规整性	1. 成果资料重要文字、数字错漏严重，给成果使用造成严重影响 2. 原始观测记录中的涂改或划改严重不符合规定 3. 其他严重的错漏	1. 管线成果表中坐标纵横坐标颠倒 2. 原始观测记录不完整（缺少仪器型号、人员、日期等）达10处以上 3. 其他较重的错漏	1. 管线成果表中坐标、高程数值取位不一致 2. 管线成果表中坐标与管线图成果不一致 3. 成果资料编目、装订不规整 4. 原始观测记录不完整（缺少仪器型号、人员、日期等）达5处 5. 其他一般的错漏	1. 原始观测记录改动轻微不规范 2. 技术设计、技术总结中采用的技术标准、规范等存在错漏 3. 成果报告书中各工序时间顺序关系错 4. 成果报告缺少相关人员签名、日期等记录

续表 6.4.10-2

质量(子)元素	A类	B类	C类	D类
整饰规整性				5. 其他轻微的错漏

注：管线主要属性包括管线种类、用途、材质、孔/根数、管径/管高、规格等。管线及附属物主要格式包括图层、符号块名等。

6.4.11 基础测绘地形成果包括 1∶500、1∶1 000、1∶2 000 修、实测地形成果。基础测绘地形成果的检验应符合下列要求：

1 1∶500、1∶1 000、1∶2 000 实测地形成果的调整系数 t 根据单位成果的复杂程度(一般按地形类别)确定，仅在综合精度中进行调整。t 的取值按表 6.4.11-1 确定。

表 6.4.11-1 调整系数 t 的划分

0.4	0.7	1.0	1.3	1.6

注：地物类型较多的图幅一般取 $t=1.0$，城市地区地物特别复杂的图幅最高可以取到 1.6，农村地区等地物稀少的图幅可取 0.4。

2 1∶500、1 000、1∶2 000 修测地形成果，对综合精度的质量元素进行评分时应设定基本分，基本分满分为 100 分。将图幅划分为每幅 80 格(10×8)作为修测格数。对于实际修测范围所占的格数不超过 6 格的修测图幅，给定基本分为 20 分，每增加 1 格，基本分增加 2 分，以 100 分为上限。实测成果的实测范围未达到满幅的，一般按修测成果确定基本分，不再进行系数调整。

3 基础测绘地形成果的质量元素和权划分按表 6.4.11-2 确定，错漏分类根据不同比例尺分别按表 6.4.11-3、表 6.4.11-4 和表 6.4.11-5 确定。

4 工程地形测量成果可按照基础测绘地形成果，依据项目合同或技术设计的要求，对质量元素及权的分配进行适当调整。

表 6.4.11-2　基础测绘地形成果质量元素及权重

质量元素	权	质量(子)元素	权	检查项
数学精度	0.20	平面精度	0.40	1. 平面绝对位置中误差 2. 平面相对位置中误差 3. 接边精度
		高程精度	0.40	1. 高程注记点高程中误差 2. 等高线高程中误差 3. 接边精度
		数学基础	0.20	1. 坐标系统、高程系统的正确性 2. 各类投影计算、使用参数的正确性 3. 图根控制测量精度 4. 图廓尺寸、对角线长度、格网尺寸的正确性 5. 控制点间图上距离与坐标反算长度较差
综合精度(含数据及结构正确性、地理精度、整饰质量)	0.70	数据及结构正确性,包括数据格式、要素分层和逻辑一致性,要素属性的正确性和合理性		
		地理精度,包括地理要素的完整性、规范性和协调性,注记和符号的正确性,综合取舍的合理性,接边质量		
		整饰质量,包括符号、线划和注记质量,图面要素协调性		
资料质量	0.10	1. 技术设计、技术总结、检查报告编写内容的完整性和整饰的规整性 2. 原始资料的齐全性和整饰的规整性 3. 成果资料的齐全性和整饰的规整性		

注:当只涉及平面精度检测或高程精度检测时,该项精度对应的质量子元素的权调整为 0.80,数学基础的权为 0.20。

表 6.4.11-3　1∶500 修、实测地形成果错漏分类

质量(子)元素	A类	B类	C类	D类
平面精度	1. 地物点平面绝对位置中误差超限 2. 相对位置中误差超限 3. 其他严重的错漏	/	/	/

续表 6.4.11-3

质量(子)元素	A类	B类	C类	D类
高程精度	1. 高程注记点高程中误差超限 2. 等高线高程插求点高程中误差超限 3. 其他严重的错漏	/	/	/
数学基础	1. 坐标或高程系统采用错误，独立坐标系统投影计算或改算错误 2. 平面或高程起算点使用错误 3. 图根控制测量精度超限 4. 其他严重的错漏	/	/	/
数据及结构正确性	1. 数据无法读取或数据不齐全 2. 文件命名错误、数据记录格式错误、数据版本错误影响使用 3. 某一类主要要素分层与代码错误 4. 某一类主要要素属性整体错漏（针对数据） 5. 其他严重的错漏	1. 空间逻辑一致性错误（相交、包含、重复、结构类符号不闭合等）较多 2. 某一类一般要素分层与代码错误 3. 某一类一般要素属性整体错漏 4. 其他较重的错漏	1. 存在少数空间逻辑一致性错误 2. 重要要素空间数据与属性数据不一致（如高速公路名称注记与路中心线或高速公路面 Name 属性不一致） 3. 重要要素的几何类型属性不一致 4. 其他一般的错漏	1. 存在悬挂节点和伪节点 2. 一般要素属性错漏 3. 一般要素空间数据与属性数据不一致 4. 门牌号码的归属信息和道路名称注记不一致 5. 一般要素的几何类型属性不一致 6. 其他轻微的错漏

续表 6.4.11-3

质量(子)元素	A类	B类	C类	D类
地理精度	1. 主要要素大面积变形或大面积错漏 2. 修测成果中6层及以上或面积大于200 m^2 的建筑物未用控制点解析修测 3. 一般注记错漏超过图幅的20%以上 4. 整幅图地形地物或属性普遍未接边 5. 其他严重的错漏	1. 高程点密度与规定不符 2. 主要线状地物要素错漏超过图上10 cm以上 3. 通航河流、主要道路、乡镇级居民地名称错漏 4. 重要要素(如铁路、高速公路等)符号规格.等级代码与规定不符,使所指代地物改变性质、级别的 5. 整条图廓边地形地物或属性未接边 6. 一般地形地物出现系统性错误 7. 其他较重的错漏	1. 主要地形地物出现错漏 2. 主要线状地物要素错漏超过图上5 cm以上 3. 主要水系潮汐流向错漏 4. 个别地形地物小面积局部位移 5. 主要注记名称错漏 6. 重要地形地物或属性未接边 7. 其他一般的错漏	1. 一般的地形地物错漏 2. 点状独立地物要素或符号错漏 3. 楼房层次错漏 4. 一般地物要素空间关系处理不当 5. 一般注记名称错漏 6. 一般地形地物或属性未接边 7. 个别地物要素的方向表示错误 8. 废弃的地形地物未删除 9. 四点结构线表示不合理 10. 其他轻微的错漏
整饰质量	1. 符号、线划、注记规格与图式严重不符 2. 其他严重的错漏	1. 图廓整饰明显不符合图式规定 2. 图名或图号错漏 3. 部分符号、线划、注记规格不符合图式规定或相互压盖普遍	1. 图廓整饰不符合图式规定 2. 符号、线划、注记规格不符合图式规定或压盖较多 3. 上交成果装订不整齐美观	1. 地形地物注记字隔、字列、字体、线条等不均匀

续表 6.4.11-3

质量(子)元素	A类	B类	C类	D类
整饰质量		4. 其他较重的错漏	4. 其他一般的错漏	2. 符号、线划、注记规格不符合图式规定或压盖 3. 其他轻微的错漏
资料质量	1. 缺主要成果资料 2. 缺主要原始观测记录 3. 其他严重的错漏	1. 缺技术总结或检查报告 2. 技术设计不合理 3. 缺质量检查记录 4. 其他较重的错漏	1. 成果资料内容不完整 2. 技术设计、技术总结、检查报告内容不完整 3. 其他一般的错漏	其他轻微的错漏

表 6.4.11-4　1∶1 000 修、实测地形成果错漏分类

质量(子)元素	A类	B类	C类	D类
平面精度	1. 地物点平面绝对位置中误差超限 2. 相对位置中误差超限 3. 其他严重的错漏	/	/	/
高程精度	1. 高程注记点高程中误差超限 2. 等高线高程插求点高程中误差超限 3. 其他严重的错漏	/	/	/
数学基础	1. 坐标或高程系统采用错误，独立坐标系统投影计算或改算错误 2. 平面或高程起算点使用错误	/	/	/

续表 6.4.11-4

质量(子)元素	A类	B类	C类	D类
数学基础	3. 图根控制测量精度超限 4. 其他严重的错漏			
数学及结构正确性	1. 数据无法读取或数据不齐全 2. 文件命名错误、数据记录格式错误、数据版本错误影响使用 3. 某一类主要要素分层与代码错误 4. 某一类主要要素属性整体错漏(针对数据) 5. 其他严重的错漏	1. 空间逻辑一致性错误（相交、包含、重复、结构类符号不闭合等）较多 2. 某一类一般要素分层与代码错误 3. 某一类一般要素属性整体错漏 4. 其他较重的错漏	1. 存在少数空间逻辑一致性错误 2. 重要要素属性错漏 3. 重要要素空间数据与属性数据不一致(如高速公路名称注记与路中心线或高速公路面 Name 属性不一致) 4. 重要要素的几何类型属性不一致 5. 其他一般的错漏	1. 存在悬挂节点和伪节点 2. 一般要素属性错漏 3. 一般要素空间数据与属性数据不一致 4. 门牌号码的归属信息和道路名称注记不一致 5. 一般要素的几何类型属性不一致 6. 其他轻微的错漏
地理精度	1. 主要要素大面积变形或出现严重或大面积错漏 2. 一般注记错漏超过图幅的 20% 3. 整图幅要素点位或属性未接 4. 存在普遍的综合取舍不合理或主要要素的选取低于指标下限的20%以上 5. 其他严重的错漏	1. 高程注记点密度与规定不符 2. 主要线状地物要素错漏超过图上 10 cm 以上 3. 通航河流、主要道路、乡镇级居民地名称错漏 4. 铁路、高速公路等重要要素符号规格、等级代码与规定不符，使所指代地物改变性质、级别的	1. 主要地形地物出现错漏 2. 主要线状地物要素错漏超过图上 5 cm 以上 3. 主要水系潮汐流向错漏 4. 个别地形地物小面积局部位移 5. 主要注记名称错漏 6. 重要地形地物或属性未接边	1. 一般的地形地物错漏 2. 点状独立地物要素或符号错漏 3. 楼房层次错漏 4. 一般地物要素空间关系处理不当

续表 6.4.11-4

质量(子)元素	A类	B类	C类	D类
地理精度		5. 整条图廓边地形地物或属性未接边 6. 一般地形地物出现系统性错误 7. 楼房漏测 8. 其他较重的错漏	7. 一般要素部分取舍未按规定执行或取舍不合理 8. 一般要素错漏超过图上 10 cm 以上 9. 起境界作用的围墙、栅栏、防洪墙等错漏达图上长度 2 cm 以上的 2 处 10. 铁路、等级公路局部错漏达图上长度 2 cm 以上的 2 处 11. 高压电杆转折点、高大烟囱、水塔、车行桥错漏 2 处 12. 实测 20 m^2 或修测 50 m^2 以上房屋错漏 2 处 13. 其他一般的错漏	5. 一般注记名称错漏 6. 一般地形地物或属性未接边 7. 个别地物要素的方向表示错误 8. 废弃的地形地物未删除 9. 四点结构线表示不合理 10. 地形、地物综合取舍不当、变形失真等 11. 实测 20 m^2 或修测 50 m^2 以下房屋错漏，简房或棚房错漏 100 m^2 以上 12. 其他轻微的错漏
整饰质量	1. 符号、线划、注记规格与图式严重不符 2. 其他严重的错漏	1. 图廓整饰明显不符合图式规定 2. 图名或图号错漏 3. 部分符号、线划、注记规格不符合图式规定或相互压盖普遍	1. 图廓整饰不符合图式规定 2. 符号、线划、注记规格不符合图式规定或压盖较多 3. 上交成果装订不整齐美观	1. 地形地物注记字隔、字列、字体、线条等不均匀

续表 6.4.11-4

质量(子)元素	A类	B类	C类	D类
整饰质量		4. 其他较重的错漏	4. 其他一般的错漏	2. 符号、线划、注记规格不符合图式规定或压盖 3. 其他轻微的错漏
资料质量	1. 缺主要成果资料 2. 缺主要原始观测记录 3. 其他严重的错漏	1. 缺技术总结或检查报告 2. 技术设计不合理 3. 缺质量检查记录 4. 其他较重的错漏	1. 成果资料内容不完整 2. 技术设计、技术总结、检查报告内容不完整 3. 其他一般的错漏	其他轻微的错漏

表 6.4.11-5　1∶2 000 修、实测地形成果错漏分类

质量(子)元素	A类	B类	C类	D类
平面精度	1. 地物点平面绝对位置中误差超限 2. 相对位置中误差超限 3. 其他严重的错漏	/	/	/
高程精度	1. 高程注记点高程中误差超限 2. 等高线高程插求点高程中误差超限 3. 其他严重的错漏	/	/	/
数学基础	1. 坐标或高程系统采用错误，独立坐标系统投影计算或改算错误	/	/	/

续表 6.4.11-5

质量(子)元素	A类	B类	C类	D类
数学基础	2. 平面或高程起算点使用错误 3. 图根控制测量精度超限 4. 其他严重的错漏			
数学及结构正确性	1. 数据无法读取或数据不齐全 2. 文件命名错误、数据记录格式错误、数据版本错误影响使用 3. 某一类主要要素分层与代码错误 4. 某一类主要要素属性整体错漏(针对数据) 5. 其他严重的错漏	1. 空间逻辑一致性错误(相交、包含、重复、结构类符号不闭合等)较多 2. 某一类一般要素分层与代码错误 3. 某一类一般要素属性整体错漏 4. 其他较重的错漏	1. 存在少数空间逻辑一致性错误 2. 重要要素属性错漏 3. 重要要素空间数据与属性数据不一致(如高速公路名称注记与路中心线或高速公路面 Name 属性不一致) 4. 重要要素的几何类型属性不一致 5. 其他一般的错漏	1. 存在悬挂节点和伪节点 2. 一般要素属性错漏 3. 一般要素空间数据与属性数据不一致 4. 门牌号码的归属信息和道路名称注记不一致 5. 一般要素的几何类型属性不一致 6. 其他轻微的错漏
地理精度	1. 主要要素大面积变形或出现严重或大面积错漏 2. 一般注记错漏超过图幅的20%以上 3. 整幅图地形地物或属性普遍未接边	1. 高程注记点密度与规定不符 2. 主要线状地物要素错漏超过图上 10 cm 以上 3. 通航河流、主要道路、乡镇级居民地名称错漏	1. 主要地形地物出现错漏 2. 主要线状地物要素错漏超过图上 5 cm 以上 3. 主要水系潮汐流向错漏 4. 个别地形地物的小面积局部位移 5. 主要注记名称错漏	1. 一般的地形地物错漏 2. 楼房层次错漏 3. 一般地物要素空间关系处理不当 4. 一般注记名称错漏 5. 一般地形地物或属性未接边 6. 个别地物要素的方向表示错误

续表 6.4.11-5

质量(子)元素	A类	B类	C类	D类
地理精度	4. 存在普遍的综合取舍不合理或主要要素的选取低于指标下限的20%以上 5. 整图幅与影像套合存在平移或旋转 6. 其他严重的错漏	4. 重要要素（如铁路、高速公路等）符号规格、等级代码与规定不符，使所指代地物改变性质、级别的 5. 整条图廓边地形地物或属性未接边 6. 一般地形地物出现系统性错误 7. 局部房屋整体平移或旋转 8. 其他较重的错漏	6. 重要地形地物或属性未接边 7. 一般地形地物取舍未按规定执行或取舍不合理 8. 一般地形地物(大车路、乡村路、架空管线等)错漏超过图上10 cm以上 9. 50 m^2以上房屋错漏或未改正投影差2处 10. 主要地物(房屋、道路边线、围墙等)与影像套合差大于2 m 2处 11. 起境界作用的围墙、栅栏、防洪墙等错漏达图上长度2 cm以上的2处 12. 铁路等级公路局部错漏达图上长度2 cm以上的2处 13. 高压电杆转折点.高大烟囱、水塔、车行桥错漏2处 14. 其他一般的错漏	7. 废弃的地形地物未删除 8. 四点结构线表示不合理 9. 一般地形地物综合取舍不当、变形失真等 10. 一般地物（小路、田埂、地类界等）与影像套合差大于2 m 11. 其他轻微的错漏

续表 6.4.11-5

质量(子)元素	A类	B类	C类	D类
整饰质量	1. 符号、线划、注记规格与图式严重不符 2. 其他严重的错漏	1. 图廓整饰明显不符合图式规定 2. 图名或图号错漏 3. 部分符号、线划、注记规格不符合图式规定或相互压盖普遍 4. 其他较重的错漏	1. 图廓整饰不符合图式规定 2. 符号、线划、注记规格不符合图式规定或压盖较多 3. 上交成果装订不整齐美观 4. 其他一般的错漏	1. 地形地物注记字隔、字列、字体、线条等不均匀 2. 符号、线划、注记规格不符合图式规定或压盖 3. 其他轻微的错漏
资料质量	1. 缺主要成果资料 2. 缺主要原始观测记录 3. 其他严重的错漏	1. 缺技术总结或检查报告 2. 技术设计不合理 3. 缺质量检查记录 4. 其他较重的错漏	1. 成果资料内容不完整 2. 技术设计、技术总结、检查报告内容不完整 3. 其他一般的错漏	其他轻微的错漏

6.5 地图编制

6.5.1 专题地图成果的调整系数 t 根据单位成果的图面大小和图面密度确定，以正四开本中等密度地图为1.0。专题地图成果的质量元素及权划分、错漏分类见表 6.5.1-1 和表 6.5.1-2。

表 6.5.1-1 专题地图质量元素及权重(单位:幅)

质量元素	权	检查项
地图内容适用性	0.35	1. 地理底图内容的合理性 2. 专题内容的完备性、现势性、可靠性 3. 各要素内容的正确性和相互关系的合理性

续表 6.5.1-1

质量元素	权	检查项
地图表示的科学性	0.20	1. 各类注记表达的合理性、易读性 2. 分类、分级的科学性 3. 色彩、符号设计的科学性、艺术性 4. 表示方法选择的正确性
地图精度	0.20	1. 图幅选择投影、比例尺的适宜性 2. 地图内容的位置精度 3. 专题内容的量测精度
图面配置质量	0.15	1. 图面配置的合理性 2. 图例的全面性、正确性 3. 图廓外整饰的正确性、规范性、艺术性
资料质量	0.10	1. 技术设计的合理性、完整性 2. 技术总结、检查报告、质量检查记录的规范性、完整性

表 6.5.1-2 专题地图成果错漏分类

质量元素	A类	B类	C类	D类
地图内容适用性	1. 有违反国家宪法、法律、政策法规、管理条例的内容 2. 地图资料、专题内容主要要素所依据的文件资料、统计资料错用、漏用或表达有原则性错误，严重影响地图的政治思想性、可靠性、现势性、完备性等 3. 主要专题要素的质量特征、数量特征出现严重系统性错漏	1. 主图名下一级相应政区界线、政区设色、行政中心符号及其名称错漏 2. 地图资料错用、漏用，影响地图内容的可靠性、现势性、完备性等 3. 次要专题要素的质量特征、数量特征出现系统性的错漏	1. 次要地图要素错漏 2. 次要地图要素相互关系不合理 3. 其他一般的错漏	1. 一般地图要素错漏 2. 一般地图要素相互关系不合理 3. 其他轻微的错漏

续表 6.5.1-2

质量元素	A类	B类	C类	D类
地图内容适用性	4. 重要的专题要素整项漏 5. 主图名相应政区界线、政区设色、行政中心符号及其名称错漏 6. 图名错漏或地图内容与图名不一致 7. 其他严重的错漏	4. 专题内容不够完备，对地图主题内容的表现有较大影响 5. 次要专题要素整项漏 6. 主要地图要素错漏或相互关系不合理，影响地图判读 7. 其他较重的错漏		
地图表示的科学性	1. 主要专题要素的分类、分级违背相应的国家、行业分类、分级标准 2. 专题要素的表示方法错误，严重影响专题内容的判读 3. 其他严重的错漏	1. 次要专题要素的分类、分级违背相应的国家、行业分类、分级标准 2. 色彩、符号的设计缺乏科学性，从而使地图内容主次颠倒或层次混乱，影响读图 3. 其他较重的错漏	1. 专题内容的表示方法欠佳，影响地图内容的判读 2. 其他一般的错漏	其他轻微的错漏
地图精度	1. 地图数学基础数据用错，数字比例尺和直线比例尺同时用错 2. 主要地理要素的位置精度超限 3. 专题符号的量测精度极差而无法读图 4. 拼接图幅间不接边 5. 其他严重的错漏	1. 地图比例尺或投影选择不当，对地图主题内容表达有较大影响 2. 数字比例尺或直线比例尺表达错误 3. 次要地理要素的位置精度超限 4. 专题符号的量测精度差，对正确读图有较大影响 5. 拼接图幅间主要要素不接边 6. 其他较重的错漏	1. 个别次要地理要素的位置精度超限 2. 拼接图幅间次要要素不接边 3. 其他一般的错漏	其他轻微的错漏

续表 6.5.1-2

质量元素	A类	B类	C类	D类
图面配置质量	1. 图面严重花糊，无法读图 2. 开本尺寸错 3. 公开出版的地图版权内容错漏 4. 其他严重的错漏	1. 图面较大面积花糊，读图困难 2. 图例的主要内容错漏或图廓外较重要内容错漏 3. 成果标识错漏 4. 其他较重的错漏	1. 图面配置不当或图廓外次要内容错漏 2. 少数线划、符号、注记花糊，读图困难 3. 其他一般的错漏	其他轻微的错漏
资料质量	1. 缺技术设计或技术设计内容严重不完整，缺少主要内容的表示要求 2. 其他严重的错漏	1. 技术设计内容不完整、不合理 2. 缺技术总结或检查报告 3. 缺质量检查记录 4. 其他较重的错漏	1. 技术总结、检查报告、质量检查记录不规范、不完整 2. 技术设计中文字表达不清楚、指标不齐全 3. 其他一般的错漏	其他轻微的错漏

6.5.2 地图集的质量元素及权划分、错漏分类见表 6.5.2-1 和表 6.5.2-2。

表 6.5.2-1 地图集质量元素及权重(单位:册)

质量元素	权	质量子元素	权	检查项
整体质量	0.50	图集内容思想性	0.40	1. 思想的正确性 2. 图集宗旨、主题思想的明确程度 3. 要素表达主旨思想的正确性
		图集内容全面、完整性	0.30	1. 图集内容的全面、系统性 2. 图集结构的完整性
		图集内容统一、协调性	0.30	1. 图集内容的统一、互补性 2. 要素表达的协调、可比性
图集内图幅质量	0.50	同专题地图质量元素表中各项		

表 6.5.2-2　地图集错漏分类

质量子元素	A类	B类	C类	D类
图集内容思想性	1. 图集有政治思想性错误，有关国家主权的境界、重要地物名称错漏 2. 图集的主题违背编制宗旨 3. 其他严重的错漏	1. 图集主题不明确，选择的内容重点不突出而影响图集宗旨的表达 2. 其他较重的错漏	其他一般的错漏	/
图集内容全面、完整性	1. 图集名称错漏或与版权内容不一致 2. 重大失密性质的错误 3. 图集的结构不完整或次序混乱 4. 其他严重的错漏	1. 图集内容不全面、缺乏系统性 2. 图集的目录、页码错漏 3. 地图图例与地图内容明显不符 4. 图集的分幅图、附图图名错漏 5. 版权中主要信息错漏 6. 其他较重的错漏	其他一般的错漏	/
图集内容统一、协调性	/	1. 图集的内容缺乏统一性或图幅间内容明显不协调 2. 图集的各等级表达不统一或混乱 3. 其他较重的错漏	1. 图集内部各图幅间表示方法或色彩、符号的设计明显不统一、不协调，影响图集的统一协调性 2. 其他一般的错漏	其他轻微的错漏
图集内图幅质量	同专题地图质量错漏分类表中各项			

6.5.3　1∶2 000 数字地形图缩(修)编成果的调整系数、质量元素及权划分、错漏分类见表 6.5.3-1～表 6.5.3-3。

表 6.5.3-1　1∶2 000 数字地形图缩(修)编成果调整系数(单位:幅)

困难类型	Ⅰ(郊区农村)	Ⅱ(郊区城镇)	Ⅲ(中心城区)
调整系数	0.7	1.0	1.3

注:如成果不满幅,应将调整系数按图幅内成果覆盖比例折算,比如郊区城镇地区图幅内成果覆盖比例为半幅的,则调整系数 t 为 0.5。

表 6.5.3-2　1∶2 000 数字地形图缩(修)编成果质量元素及权重(单位:幅)

质量元素	权	检查项
数学精度	0.20	1. 数学基础的正确性 2. 图廓尺寸的正确性
数据完整性与正确性	0.20	1. 文件命名、数据组织、数据格式的正确性和规范性 数据分层的正确性、完备性 2. 属性精度 3. 逻辑一致性
地理精度	0.30	1. 制图资料的现势性、完备性 2. 制图综合的合理性 3. 各要素的完整性与正确性 4. 注记的正确性 5. 地理要素的协调性
整饰质量	0.10	1. 地图符号、色彩的正确性 2. 注记的正规、完整性 3. 图廓外整饰要素的正确性
资料质量	0.20	1. 技术设计的完整性、合理性 2. 元数据、图历簿文件的完整性、正确性 3. 技术总结、检查报告、质量检查记录的完整性、规范性

表 6.5.3-3　1∶2 000 数字地形图缩(修)编成果错漏分类

质量元素	A类	B类	C类	D类
数学精度	1. 坐标系使用错误、图廓尺寸错误 2. 其他严重的错漏	/	/	/

续表 6.5.3-3

质量元素	A类	B类	C类	D类
数据完整性与正确性	1. 文件命名、数据组织、数据格式不符合规定 2. 数据无法读出或出现严重缺漏 3. 重要要素整体分类代码值等重要属性值错漏 4. 非空图层缺漏或图层名称错误 5. 其他严重的错漏	1. 图上长度 3 cm 以上的国家主要铁路、县或县级以上或技术等级四级以上公路的属性数据错漏 2. 一般要素整体分类代码值等重要属性值错漏 3. 河流、道路中心线存在多余线段 4. 其他较重的错漏	1. 重要要素拓扑一致性错误(重合、重复、相接、连续、闭合、打断) 2. 重要要素属性值错 3. 重要要素有向线方向错 4. 地物要素取舍之后,关联地物处理不当 5. 数据中多余图层未处理 6. 其他一般的错漏	1. 一般要素拓扑一致性错误(重合、重复、相接、连续、闭合、打断) 2. 一般要素属性值错 3. 一般要素有向线方向错 4. 要素的中心线与面拓扑不一致 5. 其他轻微的错漏
地理精度	1. 基本资料错用或漏用,主要要素选取低于指标下限的 20%以上,设计中特定提出的重要要素错漏 2. 重要制图要素综合面积占整个图幅 1/4 以上变形、错漏、整体位移或局部位移累计达 1/4 以上 3. 重要面要素整项未构面或属性值错 4. 其他严重的错漏	1. 重要要素错漏,或较大面积内制图综合质量低劣,或次要要素的选取低于指标下限的 20%以上 2. 全国二、三级河流或街道办事处、镇(乡)名称错漏,三级以上河流的流向、潮流向错漏 3. 一般面要素整项未构面或属性值错 4. 整条边要素点位或属性未接边 5. 小区内门牌号保留过少 6. 其他较重的错漏	1. 部分要素点位或属性未接边 2. 小面积局部位移、个别地形地物的位移 3. 主要或固定的线条、块状、独立地物的差错漏绘 4. 一般要素部分取舍未按规定执行或取舍不合理 5. 沟渠综合处理不当,未用单线表示 6. 花圃构面遗漏 7. 其他一般的错漏	1. 一般要素个别取舍未按规定执行或取舍不合理 2. 高程点注记、一般说明注记错漏 3. 一般符号、注记方向错误 4. 个别一般要素未接边 5. 其他轻微的错漏

续表 6.5.3-3

质量元素	A类	B类	C类	D类
整饰质量	/	1. 重要要素如铁路、公路等符号规格与规定不符,使所指代地物改变性质、级别的 2. 其他较重的错漏	1. 一般要素符号、线划等整体与规定明显不符,或其他整饰内容与规定明显不符 2. 注记标注不规范 3. 其他一般的错漏	其他轻微的错漏
资料质量	1. 缺技术设计或技术设计内容严重不完整,缺少对主要内容的表示要求 2. 其他严重的错漏	1. 技术设计内容不完整、不合理 2. 缺技术总结或检查报告 3. 缺质量检查记录 4. 其他较重的错漏	1. 技术总结、检查报告、质量检查记录不规范、不完整 2. 技术设计中文字表达不清楚、指标不齐全 3. 其他一般的错漏	其他轻微的错漏

6.5.4 1∶10 000 数字地形图缩(修)编成果的调整系数、质量元素及权划分、错漏分类见表 6.5.4-1～表 6.5.4-3。

表 6.5.4-1 1∶10 000 数字地形图缩(修)编成果调整系数(单位:幅)

困难类型	Ⅰ(郊区农村)	Ⅱ(郊区城镇)	Ⅲ(中心城区)
调整系数 t	0.7	1.0	1.3

注:如成果不满幅,应将调整系数按图幅内成果覆盖比例折算,比如郊区城镇地区图幅内成果覆盖比例为半幅的,则调整系数 t 为 0.5。

表 6.5.4-2 1∶10 000 数字地形图缩(修)编成果质量元素及权重(单位:幅)

质量元素	权	检查项
数学精度	0.20	1. 数学基础的正确性 2. 图廓尺寸的正确性

续表 6.5.4-2

质量元素	权	检查项
数据完整性与正确性	0.20	1. 文件命名、数据组织、数据格式的正确性、规范性 2. 数据分层的正确性、完备性 3. 属性精度 4. 逻辑一致性
地理精度	0.30	1. 制图资料的现势性、完备性 2. 制图综合的合理性 3. 各要素的正确性 4. 图内各种注记的正确性 5. 地理要素的协调性
整饰质量	0.10	1. 地图符号、色彩的正确性 2. 注记的正规、完整性 3. 图廓外整饰要素的正确性
资料质量	0.20	1. 技术设计的完整性、合理性 2. 元数据、图历簿文件的完整性、正确性 3. 技术总结、检查报告、质量检查记录内容的完整性、规范性

表 6.5.4-3　1∶10 000 数字地形图缩(修)编成果错漏分类

质量元素	A类	B类	C类	D类
数学精度	1. 坐标系使用错误、图廓尺寸错误 2. 其他严重的错漏	其他较重的错漏	/	/
数据完整性与正确性	1. 文件命名、数据组织、数据格式不符合规定 2. 数据无法读出或出现严重丢漏 3. 重要要素整体分类代码值等重要属性值错漏	1. 区以上境界放错层或属性数据错漏 2. 一般要素整体分类代码值等重要属性值错漏 3. 重要要素关系明显不协调	1. 重要要素拓扑一致性错误(重合、重复、相接、连续、闭合、打断) 2. 重要要素属性值错 3. 重要要素有向线方向错	1. 一般要素拓扑一致性错误(重合、重复、相接、连续、闭合、打断)

续表 6.5.4-3

质量元素	A类	B类	C类	D类
数据完整性与正确性	4. 非空图层缺漏或图层名称错误 5. 其他严重的错漏	4. 其他较重的错漏	4. 双线河流、沟渠相交处未贯通 5. 沟渠流向普遍错误 6. 要素构面范围与边界不一致或构面处理明显不当 7. 数据中多余图层未处理 8. 其他一般的错漏	2. 一般要素属性值错 3. 一般要素有向线方向错 4. 其他轻微的错漏
地理精度	1. 基本资料错用、漏用造成区级以上境界、等级、地域领属错漏或其他有关重要要素错漏 2. 重要要素综合取舍普遍不合理 3. 全国的一级河流名称或区级以上居民地名称错漏 4. 区级以上境界错漏 5. 图上长度 10 cm 以上的国家主要铁路、省级或省以上公路或城市主干道漏绘 6. 重要面要素整项未构面或属性值错 7. 其他严重的错漏	1. 重要要素错漏，或较大面积内制图综合质量低劣 2. 图上长度 3 cm 以上的国家主要铁路、省级或省以上公路或城市主干道漏绘 3. 全国的二、三级河流或街道办事处、镇(乡)等名称错漏，三级以上河流的流向、潮流向错漏 4. 一般面要素整项未构面或属性值错 5. 整条边要素点位或属性未接边 6. 一般地物要素的基本资料使用错误 7. 其他较重的错漏	1. 镇级以上居民地名称，四、五级河流名称错漏，等高线高程值错漏 2. 要素点位或属性未接边 3. 小面积局部位移或个别地形地物位移 4. 一般要素部分取舍不合理 5. 其他一般的错漏	1. 一般要素取舍不合理 2. 高程点注记、一般说明注记错漏 3. 符号、注记方向错误 4. 一般要素未接边 5. 其他轻微的错漏

续表 6.5.4-3

质量元素	A类	B类	C类	D类
整饰质量	1. 图名、图号同时错漏 2. 符号、线划、注记的规格与图式严重不符 3. 其他严重的错漏	1. 图名或图号错漏 2. 重要要素如铁路、公路等符号规格与规定不符,使所指代地物改变性质、级别的 3. 其他较重的错漏	1. 一般要素符号、线划等整体与规定明显不符,或其他整饰内容与规定明显不符 2. 注记标注不规范 3. 其他一般的错漏	其他轻微的错漏
资料质量	1. 缺技术设计或技术设计内容严重不完整,缺少主要内容的表示要求 2. 其他严重的错漏	1. 元数据项或元数据、图历簿中主要项目错漏缺少成果附件资料 2. 技术设计内容不规范、不完整、不合理 3. 缺技术总结或检查报告 4. 缺质量检查记录 5. 其他较重的错漏	1. 元数据项或元数据、图历簿中次要项目错漏 2. 技术总结、检查报告、质量检查记录不规范、不完整 3. 技术设计中文字表达不清楚、指标不齐全 4. 其他一般的错漏	其他轻微的错漏

6.6 地理信息系统工程

6.6.1 基础地理框架数据成果的质量元素及权划分、错漏分类见表 6.6.1-1 和表 6.6.1-2。

表 6.6.1-1 基础地理框架数据成果质量元素及权重

质量元素	权	检查项
完整性	0.20	空间数据齐全性
位置精度	0.20	1. 坐标系统的正确性 2. 源数据引用正确性

续表 6.6.1-1

质量元素	权	检查项
属性精度	0.20	1. 属性正确性 2. 空间数据与属性数据一致性
逻辑一致性	0.30	1. 文件命名、数据格式正确性 2. 各要素拓扑关系正确性 3. 注记的正确性与完整性
资料质量	0.10	成果资料的完整性与规范性

注:基础地理框架数据根据基础地形数据提取加工生成,包括行政区划面、街坊面、道路中心线、道路面、铁路中心线、河流水系中心线和河流面。

表 6.6.1-2 基础地理框架数据成果错漏分类

质量元素	A类	B类	C类	D类
完整性	1. 数据严重丢失 2. 行政区划界线严重错漏 3. 其他严重的错漏	1. 重要要素遗漏 2. 要素多余 3. 其他较重的错漏	1. 属性错漏 2. 其他一般的错漏	其他轻微的错漏
位置精度	1. 基础地形数据用错或数据坐标整体位移 2. 其他严重的错漏	1. 不同比例尺范围间的接边大面积未处理 2. 其他较重的错漏	1. 地理要素位置错误 2. 要素未接边 3. 其他一般的错漏	其他轻微的错漏
属性精度	1. 市、区名称错漏 2. 一级河流(长江、黄浦江等)名称错漏 3. 其他严重的错漏	1. 主要道路或铁路属性数据错漏 2. 其他较重的错漏	1. 一般道路、河流属性错漏 2. 其他一般的错漏	1. 道路门牌号信息错漏 2. 其他轻微的错漏
逻辑一致性	1. 数据无法读出 2. 道路、一般河流注记错漏超过15% 3. 其他严重的错漏	1. 区县界线未封闭 2. 乡镇、街道、街坊及面状河流未封闭超过15% 3. 点线面要素拓扑关系建立错误	1. 乡镇、街道、街坊及面状河流未封闭超过5% 2. 大部分悬挂点处理不合理	1. 乡镇、街道、街坊及面状河流未封闭

续表 6.6.1-2

质量元素	A类	B类	C类	D类
逻辑一致性		4. 道路、一般河流注记错漏超过5% 5. 文件命名混乱，未按数据属性统一命名 6. 其他较重的错漏	3. 数据分层不统一或层名不正确 4. 其他一般的错漏	2. 出现悬挂节点、结点匹配精度限差超限等2处 3. 有向要素方向错误 4. 其他轻微的错漏
资料质量	1. 缺技术设计等主要成果资料 2. 其他严重的错漏	1. 技术设计内容不完整、不合理 2. 缺检查报告或技术总结 3. 缺质量检查记录 4. 其他较重的错漏	1. 技术总结、检查报告、质量检查记录不完整、不规范 2. 技术设计书中文字表达不清楚、指标不齐全 3. 其他一般的错漏	其他轻微的错漏

6.6.2 门址信息成果的质量元素及权划分、错漏分类见表 6.6.2-1 和表 6.6.2-2。

表 6.6.2-1 门址信息成果质量元素及权重

质量元素	权	检查项
完整性	0.30	门牌号码的完整性
位置精度	0.30	门牌号码位置与实地位置的符合性
属性精度	0.30	门牌号码属性的完整性与正确性
资料质量	0.10	成果资料的完整性与规范性

表 6.6.2-2 门址信息成果错漏分类

质量元素	A类	B类	C类	D类
完整性	1. 门牌号码数据整体或成片丢失 2. 门牌号码字段错漏率超过10% 3. 其他严重的错漏	1. 2 000 m^2 以上有独立围墙的单位或小区总门牌号码重要字段遗漏 2. 8层及以上高层建筑物门牌号码重要字段遗漏 3. 其他较重的错漏	1. 2 000 m^2 以下有独立院落的小型单位或小区门牌号码重要字段遗漏 2. 其他一般的错漏	1. 废弃的门牌号码未去掉 2. 多个单位共一个门牌号码,兴趣点未采集齐全 3. 其他轻微的错漏
位置精度	1. 门牌号码注记位置出现系统错误,与实地明显不符 2. 其他严重的错漏	1. 2 000 m^2 以上有独立围墙的单位或小区门牌号码注记位置与实地明显不符 2. 8层及以上高层建筑物门牌号码点位注记位置与实地明显不符 3. 其他较重的错漏	1. 2 000 m^2 以下有独立院落的小型单位或小区门牌号码点位注记位置与实地明显不符 2. 其他一般的错漏	1. 其他一般门址号码点位注记位置与实地明显不符 2. 其他轻微的错漏
属性精度	1. 属性分类代码出现系统错误,整体不符合设计要求 2. 其他严重的错漏	1. 2 000 m^2 以上有独立围墙的单位或住宅小区一级分类编码、门牌号码错误 2. 8层及以上高层建筑物一级分类编码、门牌号码错误 3. 其他较重的错漏	1. 2 000 m^2 以上有独立围墙的单位或住宅小区总门牌号码名称属性错漏 2. 8层及以上高层建筑物门牌号码名称属性错漏 3. 其他一般的错漏	1. 其他一般门牌号码属性错漏 2. 未按要求区分可见与不可见门牌号码 3. 其他轻微的错漏
资料质量	1. 缺技术设计等主要成果资料 2. 其他严重的错漏	1. 技术设计内容不完整、不合理 2. 缺检查报告或技术总结 3. 缺质量检查记录 4. 其他较重的错漏	1. 技术总结、检查报告、质量检查记录不完整、不规范 2. 技术设计书中文字表达不清楚、指标不齐全 3. 其他一般的错漏	其他轻微的错漏

6.6.3 基于航空摄影测量的三维地理信息模型成果样本单位的调整系数应按照样本单位的格网基本系数和模型级别系数加权计算后确定。

1 格网基本系数以样本格网内新增或修改模型的三角面总数来划分，按表 6.6.3-1 的规定确定。

表 6.6.3-1 格网基本系数

三角面总数(个)	2 000 以内	2 001—5 000	5 001—10 000	10 001 以上
基本系数	0.5	1.0	1.5	2.0

2 模型级别系数按表 6.6.3-2 的规定确定。

表 6.6.3-2 模型级别系数

模型级别	白模型	简单模型	标准模型	精细模型	超精细模型
级别系数	0.6	0.8	1.0	1.2	1.4

3 调整系数 t 按下式计算：

$$t = \text{格网基本系数} \times 0.7 + \text{模型级别系数} \times 0.3 \quad (6.6.3)$$

4 基于航空摄影测量的三维地理信息模型成果的质量元素及权划分、错漏分类按表 6.6.3-3 和表 6.6.3-4 的规定确定。

表 6.6.3-3 基于航空摄影测量的三维地理信息模型成果质量元素及权重(单位:格网)

质量元素	权	检查项
空间参考系	0.05	1. 大地基准的符合情况 2. 高程基准的符合情况 3. 地图投影参数符合情况
位置精度	0.20	模型数据平面坐标、高程的准确性
数据质量	0.40	1. 模型数据的现势性、完整性、准确性 2. 模型、纹理命名的正确性 3. 各类模型分类及其编码的正确性和完整性

续表 6.6.3-3

质量元素	权	检查项
数据质量	0.40	4. 模型数据接边的合理性 5. 模型的制作效果
属性精度	0.05	模型数据属性的正确性和完整性
时间精度	0.05	三维数据源的准确性
场景效果	0.20	场景的完整性与协调性
资料质量	0.05	资料的完整性、正确性

表 6.6.3-4 基于航空摄影测量的三维地理信息模型成果错漏分类

质量元素	A类	B类	C类	D类
空间参考系	1. 平面、高程坐标系使用错误 2. 其他严重的错漏	/	/	/
位置精度	1. 平面精度、高程精度超限或粗差率大于5% 2. 其他严重的错漏	1. 部分模型存在整体位移 2. 单个模型有明显位移 3. 其他较重的错漏	/	/
数据质量	1. 格网、模型或场景文件命名错误 2. 整格网数据丢失 3. 数据成果格式整体不符合设计要求 4. 其他严重的错漏	1. 数据成果版本不符合规定 2. 单个 Max 文件三角面数大于6 000个 3. 纹理文件与对应的模型成果不在同一目录内 4. 2层(含)以上建筑物模型遗漏 5. 模型整体的制作级别低于规定的要求 6. 其他较重的错漏	1. 模型存在冗余信息2处 2. 模型存在交叉面或面缝隙2处 3. 贴图所表示楼层数、门窗数和实地不符2处 4. 模型基本轮廓或屋顶与实地明显不一致 5. 贴图透视关系错误2处 6. 同一区域同类模型的贴图不一致 7. 模型存在贴图丢失情况2处	1. 贴图内存在人、车、植物、衣物等非建筑体 2. 模型存在非法对象和空对象 3. 同一模型相邻面上贴图未对齐 4. 同一模型上位于同一水平面的点存在明显高差

续表 6.6.3-4

质量元素	A类	B类	C类	D类
数据质量			8. 贴图有坐标拉伸或 UVW 坐标丢失的现象 2 处 9. 权属单位不同的模型未按规定间距要求拆分 10. 贴图尺寸不符合规定要求 11. 贴图像素尺寸不符合规定要求 12. 贴图分辨率不符合规定要求 13. 贴图文件格式不符合规定 14. 模型轴心点定义不统一或不符合规定 15. 2 层(含)以上建筑物模型存在拷贝现象 16. 模型的精细度不符合相应级别模型要求 17. 同一区域模型底部不水平 18. 其他一般的错漏	5. 同一墙体贴图色调不协调 6. 文字贴图不清晰 7. 材质长宽比不协调 8. 其他轻微的错漏
属性精度	1. 模型属性表或作业信息表缺失 2. 模型属性表填写严重错漏 3. 作业信息表填写严重错漏 4. 其他严重的错漏	1. 模型属性表填写较多错漏 2. 作业信息表较多项内容填写错漏 3. 其他较重的错漏	1. 部分模型属性表填写错漏 2. 作业信息表部分内容填写错漏 3. 其他一般的错漏	其他轻微的错漏
时间精度	1. 数据源资料使用错误 2. 其他严重的错漏	/	/	/

续表 6.6.3-4

质量元素	A类	B类	C类	D类
场景效果	1. 场景内大面积模型丢漏 2. 场景内路面大面积塌陷或地面与模型存在缝隙、穿插 3. 其他严重的错漏	1. 场景内2层(含)建筑物模型丢失 2. 场景内高架路遗漏 3. 其他较重的错漏	1. 场景内漏普通桥梁2处 2. 场景内高架路匝道与地面不接2处 3. 场景内路面影像未按正射影像更新 4. 场景内DEM数据未按正射影像更新 5. 场景内地面模型与路面影像不接 6. 场景内DEM与路面影像不匹配2处 7. 其他一般的错漏	1. 场景内普通桥梁与地面不接 2. 场景内小品、房屋、桥梁、影像位置关系冲突 3. 场景内已拆除建筑物模型未删除 4. 场景内路面影像漏车道导向符号、禁停标志等 5. 其他轻微的错漏
资料质量	1. 缺主要成果资料 2. 技术设计指标超出规定要求造成成果无法使用 3. 其他严重的错漏	1. 缺原始纹理照片 2. 缺三维数据源资料 3. 缺技术总结或检查报告 4. 缺质量检查记录 5. 其他较重的错漏	1. 无成果资料清单或成果资料清单不完整 2. 技术设计、技术总结、检查报告内容不完整 3. 其他一般的错漏	其他轻微的错漏

6.6.4 专业地理信息数据成果的质量元素及权划分、错漏分类见表6.6.4-1和表6.6.4-2。

表 6.6.4-1 专业地理信息数据成果质量元素及权重

质量元素	权	检查项
空间参考系	0.05	1. 坐标系统的正确性 2. 各要素坐标的统一性

续表 6.6.4-1

质量元素	权	检查项
位置精度	0.1	1. 专题要素位置精度与设计的符合性 2. 不同数据或图幅间接边正确性 3. 基础地理资料精度的符合性
属性精度	0.3	1. 数据属性分类与设计的符合性 2. 属性值的正确性 3. 要素分类与设计的符合性 4. 要素属性、代码接边一致性
逻辑一致性	0.3	1. 数据格式与设计的符合性 2. 图形与属性的匹配情况 3. 文件命名正确性 4. 数据结构正确性 5. 数据拓扑关系的正确性
完整性	0.1	1. 覆盖范围或图幅的完整性 2. 数据内容的完整性 3. 要素的多余或遗漏 4. 属性项的多余或遗漏
时间精度	0.05	1. 基础地理资料的现势性 2. 专题资料的现势性 3. 其他现势资料的运用情况
资料质量	0.1	文档资料的完整性与正确性

表 6.6.4-2 专业地理信息数据成果错漏分类

质量元素	A类	B类	C类	D类
空间参考系	1. 坐标系统错误或不统一 2. 其他严重的错漏			
位置精度	1. 数据严重变形或整体位移 2. 其他严重的错漏	1. 某类要素整体精度不合要求 2. 重要要素位移 3. 数据或图幅间无法接边 4. 其他较重的错漏	1. 一般要素位置错 2. 其他一般的错漏	其他轻微的错漏

续表 6.6.4-2

质量元素	A类	B类	C类	D类
属性精度	1. 属性分类代码出现系统错误或整体不符合设计要求 2. 其他严重的错漏	1. 数据分层混乱或未按设计要求分层 2. 重要要素属性不接边 3. 重要要素属性值错或格式不符合规定 4. 其他较重的错漏	1. 一般要素属性值错漏 2. 其他一般的错漏	其他轻微的错漏
逻辑一致性	1. 数据成果格式不符合规定 2. 数据无法读出或严重丢失 3. 未对不予公开或涉及保密等信息进行处理 4. 其他严重的错漏	1. 重要要素拓扑关系错误 2. 个别数据层分类或命名错 3. 重要要素属性值与图形不符合或缺漏 4. 个别不宜公开的信息未作处理 5. 其他较重的错漏	1. 个别数据格式不合要求 2. 一般要素拓扑关系错误 3. 其他一般的错漏	其他轻微的错漏
完整性	1. 数据覆盖范围不完整或出现图幅的缺失 2. 其他严重的错漏	1. 某类要素范围不完整 2. 其他较重的错漏	1. 多余或缺漏一般要素 2. 其他一般的错漏	其他轻微的错漏
时间精度	1. 专题资料用错，现势性不满足设计要求 2. 其他严重的错漏	1. 基础地理资料现势性差或版本错 2. 其他较重的错漏	1. 未使用其他参考资料导致专题数据现势性差 2. 其他一般的错漏	其他轻微的错漏
资料质量	1. 缺技术设计书等主要成果资料 2. 其他严重的错漏	1. 技术设计内容不完整、不合理 2. 缺检查报告或技术总结 3. 缺质量检查记录 4. 成果资料描述与实际严重不符 5. 其他较重的错漏	1. 技术总结、检查报告、质量检查记录不完整、不规范 2. 技术设计书中文字表达不清楚、指标不齐全 3. 其他一般的错漏	其他轻微的错漏

6.6.5 专业地理信息系统的质量元素及权划分、错漏分类见表 6.6.5-1 和表 6.6.5-2。

表 6.6.5-1 专业地理信息系统质量元素及权重

质量元素	权	检查项
资料质量	0.20	1. 技术设计的完整性与合理性 2. 质量检查记录的齐全性与规范性 3. 数据字典的齐全性与规范性 4. 测试报告、检查报告、技术总结等资料的齐全性与规范性
运行环境	0.10	1. 硬件平台的符合性 2. 软件平台的符合性，包括操作系统、数据库软件平台、GIS 软件平台、中间件和应用软件等 3. 网络环境的符合性
数据(库)质量	0.20	1. 数据组织的正确性 2. 数据库结构的正确性 3. 空间参考系的正确性 4. 数据内容的正确性与完整性 5. 各类地理数据的一致性
系统结构与功能	0.30	1. 系统结构的正确性 2. 系统功能的符合性 3. 服务器、客户端功能划分的正确性 4. 系统效率的符合性 5. 系统的稳定性
系统管理与维护	0.20	1. 安全保密管理情况 2. 权限管理情况 3. 数据备份情况 4. 系统维护情况

表 6.6.5-2 专业地理信息系统质量错漏分类

质量元素	A类	B类	C类	D类
资料质量	1. 缺技术设计 2. 其他严重的错漏	1. 技术设计内容不完整、不合理 2. 缺数据字典、测试报告、检查报告或技术总结 3. 缺质量检查记录 4. 其他较重的错漏	1. 技术总结、检查报告、测试报告、数据字典、质量检查记录不完整、不规范 2. 技术设计书中文字表达不清楚、指标不齐全 3. 其他一般的错漏	其他轻微的错漏

续表 6.6.5-2

质量元素	A类	B类	C类	D类
运行环境	1. 软硬件平台、网络环境不符合要求,造成系统不能正常运行 2. 其他严重的错漏	1. 软硬件平台、网络环境存在缺陷,严重影响系统运行 2. 其他较重的错漏	1. 软件平台、或硬件平台、或网络环境存在缺陷,影响系统运行效率 2. 其他一般的错漏	其他轻微的错漏
数据(库)质量	1. 数据库结构不符合要求 2. 数据组织错误,造成系统不能正常使用 3. 空间参考系不正确 4. 重大失密性质的错误 5. 首级专业信息相应政区界线、行政中心符号及其名称错漏 6. 主要基础地理数据(库)缺失 7. 主要地理信息所依据的文件资料、统计资料错用、漏用或有原则性错误,严重影响信息系统可靠性、现势性、完备性等 8. 其他严重的错漏	1. 数据组织不合理,影响系统正常使用 2. 较重要的基础地理数据(库)缺失 3. 专题地理信息数据信息不完整,缺重要属性等 4. 其他较重的错漏	1. 数据组织不当,影响系统调用效率 2. 历史数据管理与组织不符合要求 3. 其他一般的错漏	其他轻微的错漏
系统结构与功能	1. 系统结构不符合要求 2. 缺重要的系统功能 3. 无重要的数据交换功能	1. 系统的较重要功能不完善 2. 数据(库)管理方式不正确 3. 服务器、客户端功能划分不正确	1. 系统的一般功能不完善 2. 其他一般的错漏	其他轻微的错漏

续表 6.6.5-2

质量元素	A类	B类	C类	D类
系统结构与功能	4. 系统运行极不稳定 5. 其他严重的错漏	4. 系统运行不稳定 5. 系统运行效率低 6. 其他较重的错漏		
系统管理与维护	/	1. 无安全保密管理制度，或无保密措施，造成系统管理混乱 2. 无数据备份制度 3. 系统部分数据无法维护 4. 系统功能维护、升级困难 5. 其他较重的错漏	1. 系统安全保密管理、数据备份等未按规定执行 2. 系统未按规定进行正常维护 3. 其他一般的错漏	其他轻微的错漏

6.7 互联网地图服务

6.7.1 互联网地图服务成果的质量元素及权划分应按表 6.7.1 确定。

表 6.7.1 互联网地图服务成果质量元素及权重

质量元素	权	检查项
数据完整性与正确性	0.30	1. 空间参考系的正确性和统一性 2. 数据内容的多余或遗漏 3. 数据的逻辑一致性
地图内容适用性	0.10	1. 地理底图内容的合理性 2. 专题内容的完备性、现势性、可靠性
地图表示的科学性	0.10	1. 注记表达的合理性、易读性 2. 分类、分级的科学性 3. 色彩、符号设计的科学性、艺术性 4. 表示方法选择的正确性
地图精度	0.30	1. 地图内容的位置精度 2. 要素属性值的准确性

续表6.7.1

质量元素	权	检查项
地图精度	0.30	3. 要素分类的正确性 4. 不同数据或图幅间接边正确性
功能质量	0.10	1. 系统功能符合性 2. 地图浏览、检索等基本功能的正确性 3. 系统稳定性
资料质量	0.10	1. 技术设计的合理性、完整性 2. 技术总结、检查报告、质量检查记录的规范性、完整性

6.7.2 互联网地图服务成果的错漏分类应按表6.7.2确定。

表 6.7.2 互联网地图服务成果错漏分类

质量元素	A类	B类	C类	D类
数据完整性与正确性	1. 空间参考系不正确 2. 未按规定进行空间位置保密技术处理 3. 各类资源空间参考系不统一 4. 数据范围大面积缺漏，严重影响成果使用 5. 其他严重的错漏	1. 数据组织不正确 2. 缺较重要的基础地理数据 3. 其他较重的错漏	1. 数据组织不当 2. 其他一般的错漏	其他轻微的错漏
地图内容适用性	1. 有违反国家宪法、法律、政策法规、管理条例的内容 2. 地图资料、专题内容主要要素所依据的文件资料、统计资料错用、漏用或有原则性错误，严重影响地图的政治思想性、可靠性、现势性、完备性等	1. 主图名下一级相应政区界线、政区设色、行政中心符号及其名称错漏 2. 地图资料错用、漏用，影响地图内容的可靠性、现势性、完备性等 3. 次要专题要素的质量特征、数量特征或注记说明系统性的错漏	1. 次要地图要素错漏 2. 次要地图要素相互关系不合理 3. 其他一般的错漏	1. 一般地图要素错漏 2. 次要地图要素相互关系不合理 3. 其他轻微的错漏

续表6.7.2

质量元素	A类	B类	C类	D类
地图内容适用性	3. 主要专题要素的质量特征、数量特征或数据说明出现严重错漏 4. 重要的专题要素整项漏 5. 主图名相应政区界线、政区设色、行政中心符号及其名称错漏 6. 图名错漏或地图内容与图名不一致 7. 其他严重的错漏	4. 专题内容不够完备，对地图主题内容的表现有较大影响 5. 漏次要专题要素 6. 主要地图要素错漏或相互关系不合理，影响地图判读 7. 其他较重的错漏		
地图表示的科学性	1. 主要专题要素的分类、分级违背相应的国家、行业分类、分级标准 2. 专题内容的表示方法错误，严重影响专题内容的判读 3. 其他严重的错漏	1. 次要专题要素的分类、分级违背相应的国家、行业分类、分级标准 2. 色彩、符号的设计缺乏科学性，从而使地图内容主次颠倒或层次混乱，影响读图 3. 其他较重的错漏	1. 专题内容的表示方法欠佳，影响地图内容的表达 2. 其他一般的错漏	其他轻微的错漏
地图精度	1. 数学基础数据用错，数字比例尺和直线比例尺同时用错 2. 主要地理要素的位置精度超限 3. 专题符号的量测精度极差而无法读图 4. 拼接图幅间不接边 5. 其他严重的错漏	1. 地图比例尺或投影选择不当，对地图主题内容表达有较大影响 2. 数字比例尺或直线比例尺用错 3. 次要地理要素的位置精度超限 4. 专题符号的量测精度差，对读图有较大影响	1. 个别次要地理要素的位置精度超限 2. 拼接图幅间次要要素不接边 3. 其他一般的错漏	其他轻微的错漏

续表6.7.2

质量元素	A类	B类	C类	D类
地图精度		5. 拼接图幅间主要要素不接边 6. 其他较重的错漏		
功能质量	1. 系统结构不符合要求 缺重要的系统功能 2. 无重要的数据交换功能 3. 系统运行极不稳定 4. 其他严重的错漏	1. 系统的较重要功能不完善 2. 数据(库)管理方式不正确 3. 服务器、客户端功能划分不正确 4. 系统运行不稳定 5. 系统运行效率低 6. 其他较重的错漏	1. 系统的一般功能不完善 2. 其他一般的错漏	其他轻微的错漏
资料质量	1. 缺技术设计或技术设计严重不完整,缺少主要内容的表示要求 2. 其他严重的错漏	1. 技术设计内容不完整、不合理 2. 缺技术总结或检查报告 3. 缺质量检查记录 4. 其他较重的错漏	1. 检查报告、技术总结书写不全面,质量检查记录不规范 2. 技术设计中文字不清楚、指标不齐全 3. 其他一般的错漏	其他轻微的错漏

附录 A 样本量字码

表 A 样本量字码

批量范围	特殊检验水平				一般检验水平			
	S—1	S—2	S—3	S—4	Ⅰ	Ⅱ	Ⅲ	Ⅳ
3—5	A	A	A	A	A	A	B	B′
6—9	A	A	A	A	A′	A′	B′	C
10—13	A	A	A′	A′	A′	B	C	C′
14—17	A	A′	A′	B	B	B′	C′	D
18—23	A′	A′	B	B	B′	C	D	D′
24—31	A′	A′	B	B′	B′	C′	D′	E
32—45	A′	B	B′	C	C	D	E	E′
46—60	A′	B	B′	C	C′	D′	E′	F
61—80	B	B	C	C′	D	E	F	F′
81—105	B	B′	C	D	D′	E′	F′	G
106—135	B	B′	C′	D	E	F	G	G′
136—185	B	B′	C′	D′	E′	F′	G′	H
186—247	B′	C	D	E	E′	G	H	H′
248—335	B′	C	D	E	F	G′	H′	J
336—445	B′	C	D′	E′	F′	H	J	J′
446—700	B′	C	D′	F	F′	H′	J′	—
701—1 200	C	C	E	F	G	J	—	—
1 201—3 200	C	D	E	G	H	—	—	—
3 201—10 000	C	D	F	G	J	—	—	—

附录 B　正常检验一次抽样方案

表 B　正常检验一次抽样方案

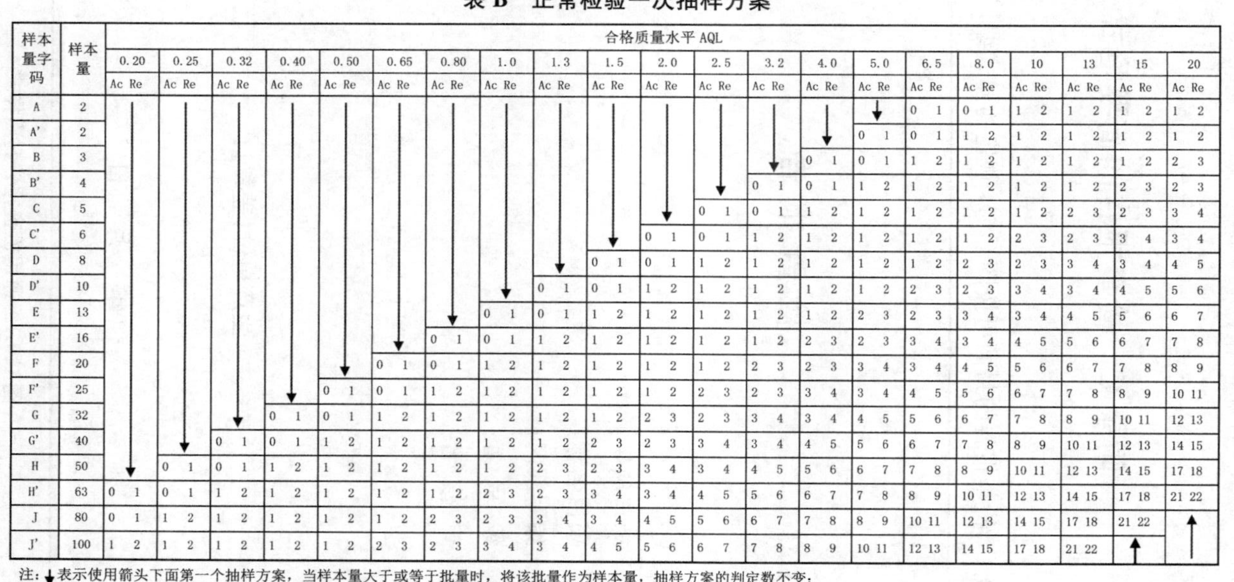

样本量字码	样本量	合格质量水平 AQL																			
		0.20	0.25	0.32	0.40	0.50	0.65	0.80	1.0	1.3	1.5	2.0	2.5	3.2	4.0	5.0	6.5	8.0	10	13	15	20
		Ac Re	Ac Re	Ac Re	Ac Re	Ac Re	Ac Re	Ac Re	Ac Re	Ac Re	Ac Re	Ac Re	Ac Re	Ac Re	Ac Re	Ac Re	Ac Re	Ac Re	Ac Re	Ac Re	Ac Re	Ac Re
A	2	↓	↓	↓	↓	↓	↓	↓	↓	↓	↓	↓	↓	↓	↓	↓	0 1	0 1	1 2	1 2	1 2	1 2
A'	2	↓	↓	↓	↓	↓	↓	↓	↓	↓	↓	↓	↓	↓	↓	0 1	0 1	1 2	1 2	1 2	1 2	1 2
B	3	↓	↓	↓	↓	↓	↓	↓	↓	↓	↓	↓	↓	↓	0 1	0 1	1 2	1 2	1 2	1 2	1 2	2 3
B'	4	↓	↓	↓	↓	↓	↓	↓	↓	↓	↓	↓	↓	0 1	0 1	1 2	1 2	1 2	1 2	1 2	2 3	2 3
C	5	↓	↓	↓	↓	↓	↓	↓	↓	↓	↓	↓	0 1	0 1	1 2	1 2	1 2	1 2	1 2	2 3	2 3	3 4
C'	6	↓	↓	↓	↓	↓	↓	↓	↓	↓	↓	0 1	0 1	1 2	1 2	1 2	1 2	1 2	2 3	2 3	3 4	3 4
D	8	↓	↓	↓	↓	↓	↓	↓	↓	↓	0 1	0 1	1 2	1 2	1 2	1 2	1 2	2 3	2 3	3 4	3 4	4 5
D'	10	↓	↓	↓	↓	↓	↓	↓	↓	0 1	0 1	1 2	1 2	1 2	1 2	1 2	2 3	2 3	3 4	3 4	4 5	5 6
E	13	↓	↓	↓	↓	↓	↓	↓	0 1	0 1	1 2	1 2	1 2	1 2	1 2	2 3	2 3	3 4	3 4	4 5	5 6	6 7
E'	16	↓	↓	↓	↓	↓	↓	0 1	0 1	1 2	1 2	1 2	1 2	1 2	2 3	2 3	3 4	3 4	4 5	5 6	6 7	7 8
F	20	↓	↓	↓	↓	↓	0 1	0 1	1 2	1 2	1 2	1 2	1 2	2 3	2 3	3 4	3 4	4 5	5 6	6 7	7 8	8 9
F'	25	↓	↓	↓	↓	0 1	0 1	1 2	1 2	1 2	1 2	1 2	2 3	2 3	3 4	3 4	4 5	5 6	6 7	7 8	8 9	10 11
G	32	↓	↓	↓	0 1	0 1	1 2	1 2	1 2	1 2	1 2	2 3	2 3	3 4	3 4	4 5	5 6	6 7	7 8	8 9	10 11	12 13
G'	40	↓	↓	0 1	0 1	1 2	1 2	1 2	1 2	1 2	2 3	2 3	3 4	3 4	4 5	5 6	6 7	7 8	8 9	10 11	12 13	14 15
H	50	↓	0 1	0 1	1 2	1 2	1 2	1 2	1 2	2 3	2 3	3 4	3 4	4 5	5 6	6 7	7 8	8 9	10 11	12 13	14 15	17 18
H'	63	0 1	0 1	1 2	1 2	1 2	1 2	1 2	2 3	2 3	3 4	3 4	4 5	5 6	6 7	7 8	8 9	10 11	12 13	14 15	17 18	21 22
J	80	0 1	1 2	1 2	1 2	1 2	1 2	2 3	2 3	3 4	3 4	4 5	5 6	6 7	7 8	8 9	10 11	12 13	14 15	17 18	21 22	↑
J'	100	1 2	1 2	1 2	1 2	1 2	2 3	2 3	3 4	3 4	4 5	5 6	6 7	7 8	8 9	10 11	12 13	14 15	17 18	21 22	↑	↑

注：↓表示使用箭头下面第一个抽样方案，当样本量大于或等于批量时，将该批量作为样本量，抽样方案的判定数不变；
↑表示使用箭头上面第一个抽样方案，Ac：合格判定数；Re：不合格判定数。

附录C　检查报告的简要格式

C.0.1　检查报告的封面可按图C.0.1规定的样式编写。

<table><tr><td>

检 查 报 告

项目编号:
项目名称:
编写部门:
编　写　者:
审　核　者:

生产单位(盖章):

年　月　日

</td></tr></table>

图C.0.1　通用检查报告封面样式

C.0.2 检查报告的内容可按表C.0.2规定的样式编写。

表 C.0.2 通用检查报告正文样式

<table>
<tr><td align="center">检 查 报 告</td></tr>
<tr><td>检查报告的主要内容：
1. 任务概况
2. 检查的技术依据
3. 检查工作概况(包括仪器设备和人员组成情况)
4. 主要质量问题及处理情况
5. 对遗留问题的处理意见
6. 质量统计和检查结论
7. 附件:原始检测资料及统计表

编制者(签名)： 年 月 日
审核者(签名)： 年 月 日</td></tr>
</table>

本标准用词说明

1 为便于在执行本标准条文时区别对待，对要求严格程度不同的用词说明如下：

1) 表示很严格，非这样做不可的用词：
正面词采用“必须”；
反面词采用“严禁”。

2) 表示严格，在正常情况均应这样做的用词：
正面词采用“应”；
反面词采用“不应”或“不得”。

3) 表示允许稍有选择，在条件许可时首先应这样做的用词：
正面词采用“宜”；
反面词采用“不宜”。

4) 表示有选择，在一定条件下可以这样做的用词，采用“可”。

2 条文中指明应按其他标准、规范或规定执行的写法为：“应按……执行”或“应符合……的要求(或规定)”。

引用标准名录

1 《数字测绘成果质量检查与验收》GB/T 18316

2 《计数抽样检验程序　第1部分:按接收质量限(AQL)检索的逐批检验抽样计划》GB/T 2828.1

3 《测绘成果质量检查与验收》GB/T 24356

4 《检测和校准实验室能力的通用要求》GB/T 27025

5 《检验检测机构资质认定能力评价　检验检测机构通用要求》RB/T 214